Z会 グレードアップ 問題集 改訂版

小学**6**年

算数

計算・図形

JN078437

●はじめに

Ｚ会は「考える力」を大切にします

　『Ｚ会グレードアップ問題集』は，教科書レベルの問題集では物足りないと感じている方・難しい問題にチャレンジしたい方を対象とした問題集です。当該学年での学習事項をふまえて，発展的・応用的な問題を中心に，一冊の問題集をやりとげる達成感が得られるよう内容を厳選しています。少ない問題で最大の効果を発揮できるように，通信教育における長年の経験をもとに“良問”をセレクトしました。単純な反復練習ではなく，１つ１つの問題にじっくりと取り組んでいただくことで，本当の意味での「考える力」を育みます。

確かな「計算力」を養成

　計算の単元では，分数のかけ算・わり算のしかたを正しく理解できているかどうかを問う基本問題から学習します。徐々に複雑な計算に取り組み，最後には，順序を考えて計算する応用問題や逆算にも挑戦します。難度が急に上がらないよう，工夫して問題を配置しているので，計算が苦手なお子さまでも，無理なく取り組むことができ，確かな「計算力」を養成します。

平面図形や空間図形を多面的にとらえる「図形センス」

　６年生では，対称な図形の性質や，円の面積・角柱の体積の求め方が理解できているかどうかを問う基本問題から学習していきます。そして徐々に，様々な図形が組み合わさった，複雑な図形に関する問題に挑戦します。面積を求めるための補助線の引き方や，体積を求めるための図形の分割のしかたを学び，中学以降の数学の問題を解くために必要な「図形センス」を養います。

この本の使い方

1 この本は全部で 45 回あります。
第 1 回から順番に，1 回分ずつ取り組みましょう。

2 1 回分が終わったら，別冊の『解答・解説』を見て，自分で丸をつけましょう。

3 まちがえた問題があったら，『解答・解説』の「考え方」を読んでしっかり復習しておきましょう。

4 知っていたら かっこいい！　これができると かっこいい！ でしょうかいしていることは，これから役立つことが多いので，覚えておきましょう。

5 マークがついた問題は，発展的な内容をふくんでいます。解くことができたら，自信をもってよいでしょう。

> 保護者の方へ
>
> 　本書は，問題に取り組んだあと，お子さま自身で答え合わせをしていただく構成になっております。学習のあとは別冊の『解答・解説』を見て答え合わせをするよう，お子さまに声をかけてあげてください。

いっしょに難しい問題に，挑戦しよう！

イーマル　　　ミルマリ　　　イワンコ

目次

図形

1 線対称な図形
<small>せんたいしょう</small>

1 下の図形の中から線対称なものをすべて選び，記号を書きなさい。(10点)

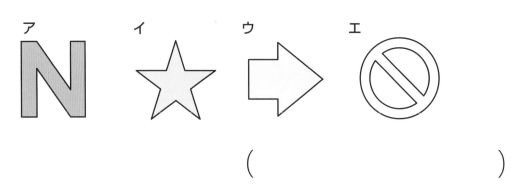

ア　　　イ　　　ウ　　　エ

(　　　　　　　　　　　)

2 右の図は，直線**アイ**を対称の軸とした線対称な図形です。
次の問いに答えなさい。

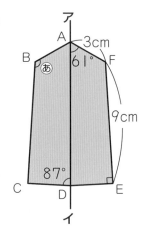

① 点Fに対応する点を答えなさい。(10点)

(　　　　　　　　　　　)

② 辺BCの長さを求めなさい。(15点)

(　　　　　　　　　　　)

③ 角あの大きさを求めなさい。(15点)

(　　　　　　　　　　　)

3 　下の図は，直線**アイ**を対称の軸として，線対称な図形の半分をかいたものです。残りの半分を図に書き入れなさい。（各15点）

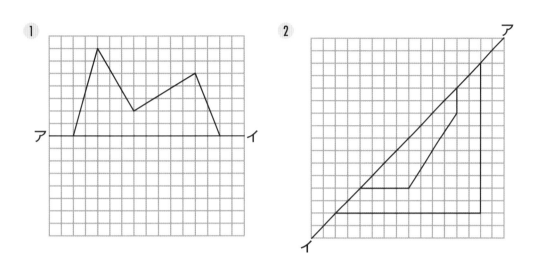

4 　正方形の折り紙を図1のように折ったあと，かげのついた部分をはさみで切り取ります。残った部分を開くと，どのような形になりますか。図2に実線で書き入れなさい。（20点）

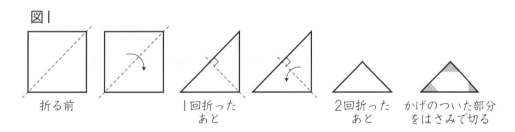

図1

折る前　　　　　　1回折ったあと　　　2回折ったあと　かげのついた部分をはさみで切る

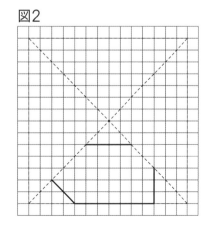

図2

点対称な図形

1 下の図形の中から点対称なものをすべて選び，記号を書きなさい。（10点）

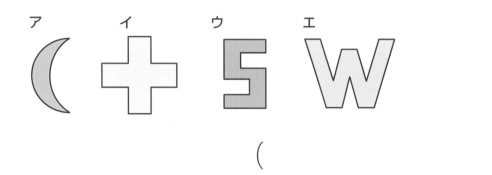

ア　イ　ウ　エ

（　　　　　　　　　　　　　　）

2 右の図は，点 O を対称の中心とした点対称な図形で，まわりの長さは 22cm です。次の問いに答えなさい。

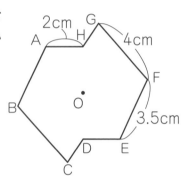

1 点 C に対応する点を答えなさい。（10点）

（　　　　　　　　　）

2 辺 AB の長さを求めなさい。（15点）

（　　　　　　　　　）

3 辺 GH の長さを求めなさい。（15点）

（　　　　　　　　　）

3 下の図は，点 O を対称の中心として，点対称な図形の半分をかいたものです。残りの半分をかき入れなさい。(各15点)

①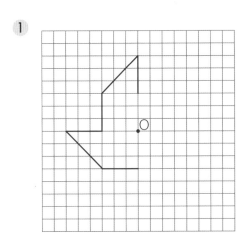

②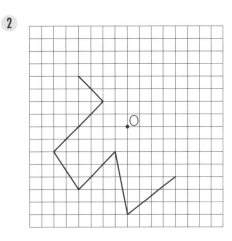

4 右の図全体は，点 O を対称の中心とする点対称な図形です。色のついた部分は点 B を中心とする円を半分にした形になっています。直線 CO の長さが 3cm，直線 AF の長さが 24cm のとき，円の半径 AB の長さを求めなさい。(20点)

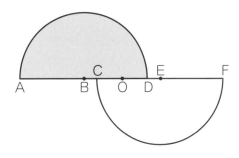

(   )

文字を使った式 ①

1 次の数や量を求める式を，文字 x を使って表しなさい。(各10点)

① x kg の米を12ふくろに同じ重さずつ分けるときの1ふくろ分の米の重さ

（　　　　　　　　　）

② 1辺の長さが x cm の正三角形のまわりの長さ

（　　　　　　　　　）

③ 1個 x 円のシュークリーム6個と250円のケーキを1個買ったときの代金

（　　　　　　　　　）

2 1冊 x 円のノート7冊を，千円札を1枚出して買ったときのおつりを考えます。このとき，次の問いに答えなさい。(各10点)

① おつりを求める式を，x を使って表しなさい。

（　　　　　　　　　）

② ノート1冊の値段が120円のとき，おつりは何円ですか。

（　　　　　　　　　）

3 　上底が x cm，下底が8cm，高さが6cm の台形の面積について，次の問いに答えなさい。（各10点）

　1 　台形の面積を求める式を，x を使って表しなさい。

$$(\qquad\qquad\qquad)$$

　2 　上底が5cm のとき，台形の面積は何 cm^2 ですか。

$$(\qquad\qquad\qquad)$$

4 　次の **1**～**3** の式が表している場面をそれぞれあ～うの中から選び，記号を書きなさい。（各10点）

　1 　$48 - 2 \times x$

$$(\qquad\qquad)$$

　2 　$48 \div x$

$$(\qquad\qquad)$$

　3 　$48 \times x$

$$(\qquad\qquad)$$

あ　48人ずつ並んだ列が x 列あるときの人数

い　48個のあめの中から，x 人に2個ずつ配ったときの残ったあめの個数

う　面積が48cm^2 の平行四辺形の高さが x cm のとき，底辺の長さ

学習日 月 日

得点 ／100点

1 x にあてはまる数を求めなさい。(各10点)

① $56 + x = 103$

② $x - 34 = 27$

(　　　　　)　　　　(　　　　　)

③ $x \times 2.8 = 70$

④ $x \div 6 = 12.5$

(　　　　　)　　　　(　　　　　)

2 x にあてはまる数を求めなさい。(各10点)

① $(x - 6) \times 9 = 207$

(　　　　　)

② $30 \times x \div 6 = 75$

(　　　　　)

ヒント

式の中で, 先に計算する部分をひとまとまりと考える。

12

3 524 をある数でわると，商は 19 であまりが 11 になりました。このとき，次の問いに答えなさい。(各 10 点)

① ある数を x として，次の □ にあてはまる式を書き入れなさい。

$$\boxed{} = 524$$

② ある数を求めなさい。

( )

4 100 個のクッキーを 8 人で同じ数ずつ分けようとしたら，4 個足りませんでした。このとき，次の問いに答えなさい。(各 10 点)

① x 個ずつ分けたとして，次の □ にあてはまる式を書き入れなさい。

$$\boxed{} = 100$$

② 分けようとしたクッキーの個数を求めなさい。

( )

5　分数と整数の計算

計算

1　次の計算をしなさい。（各10点）

①　$\dfrac{2}{7} \times 5$

②　$\dfrac{7}{15} \times 18$

（　　　　　　）　　　　　（　　　　　　）

③　$\dfrac{5}{12} \times 8$

④　$\dfrac{4}{5} \div 7$

（　　　　　　）　　　　　（　　　　　　）

⑤　$\dfrac{8}{7} \div 4$

⑥　$\dfrac{15}{4} \div 6$

（　　　　　　）　　　　　（　　　　　　）

2 次の計算をしなさい。(各10点)

① $3\dfrac{3}{5} \times 3 \div 6$

② $\dfrac{12}{19} \div 2 \div 8$

(　　　　)　　　　(　　　　)

3 次の計算をしなさい。(各10点)

① $2\dfrac{6}{13} \div 2 - \dfrac{25}{26}$

(　　　　)

② $\dfrac{5}{9} + \dfrac{1}{6} \times 4 - \dfrac{8}{15} \div 6$

(　　　　)

6 計算 分数のかけ算 ①

1 次の計算をしなさい。(各5点)

① $\dfrac{3}{4} \times 9$

② $\dfrac{4}{9} \times \dfrac{3}{7}$

(　　　　　)　　　(　　　　　)

③ $\dfrac{3}{8} \times \dfrac{4}{15}$

④ $12 \times \dfrac{5}{9}$

(　　　　　)　　　(　　　　　)

⑤ $\dfrac{3}{4} \times 1\dfrac{5}{7}$

⑥ $2\dfrac{2}{3} \times 4\dfrac{1}{5}$

(　　　　　)　　　(　　　　　)

2 次の □ の中に不等号（＞，＜）を書き入れて，積と $\frac{7}{8}$ の大きさの関係を表しなさい。(各10点)

1　$\frac{7}{8} \times 1.09$ □ $\frac{7}{8}$　　　　2　$\frac{7}{8} \times \frac{6}{7}$ □ $\frac{7}{8}$

3　$\frac{7}{8} \times 1\frac{1}{6}$ □ $\frac{7}{8}$　　　　4　$\frac{7}{8} \times \frac{7}{8}$ □ $\frac{7}{8}$

3 次の問いに答えなさい。(各15点)

1　1mあたり120円で売られているリボンを $1\frac{3}{5}$ m買うといくらになりますか。

（　　　　　　　　）

2　1mあたりの重さが $3\frac{3}{4}$ kg の鉄の棒があります。この鉄の棒 $2\frac{1}{3}$ m の重さは何kgですか。

（　　　　　　　　）

7 分数のかけ算 ②

1 次の計算をしなさい。(各10点)

① $\dfrac{7}{8} \times \dfrac{1}{2} \times \dfrac{3}{4}$

② $1\dfrac{2}{9} \times \dfrac{3}{7} \times 2\dfrac{1}{4}$

(　　　　　　)　　　　(　　　　　　)

③ $\dfrac{5}{6} \times 2\dfrac{2}{5} \times 6\dfrac{2}{3}$

④ $\dfrac{5}{7} \times 18 \times \dfrac{9}{10}$

(　　　　　　)　　　　(　　　　　　)

⑤ $27 \times \dfrac{10}{21} \times 1\dfrac{5}{9}$

⑥ $2\dfrac{2}{3} \times 0.125 \times 3\dfrac{1}{6}$

(　　　　　　)　　　　(　　　　　　)

2 次の立体の体積を求めなさい。(各10点)

① 1辺の長さが $2\frac{2}{3}$ cm の立方体の体積

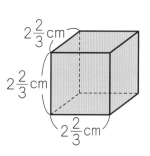

(　　　　　　　　)

② 縦が $\frac{3}{4}$ m, 横が 3m, 高さが $1\frac{4}{9}$ m の

直方体の体積

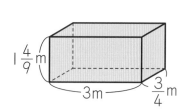

(　　　　　　　　)

3 かべに青色のペンキをぬります。1m² のかべをぬるのに, 必要なペンキの量は $\frac{2}{3}$ dL でした。このとき, 縦が 1.5m, 横が $2\frac{4}{5}$ m の長方形のかべをぬるのに, 必要なペンキの量は何 dL ですか。(20点)

(　　　　　　　　)

8 計算 分数のわり算 ①

1 次の計算をしなさい。（各5点）

① $\dfrac{6}{7} \div 14$

② $\dfrac{2}{9} \div \dfrac{5}{8}$

（　　　　　）　　（　　　　　）

③ $\dfrac{9}{10} \div \dfrac{3}{5}$

④ $27 \div \dfrac{3}{8}$

（　　　　　）　　（　　　　　）

⑤ $\dfrac{15}{16} \div 1.25$

⑥ $4\dfrac{1}{8} \div 1\dfrac{5}{6}$

（　　　　　）　　（　　　　　）

2 次の □ の中に不等号（＞，＜）を入れて，商とわられる数の大きさの関係を表しなさい。(各10点)

① $2\dfrac{3}{4} \div \dfrac{4}{5}$ □ $2\dfrac{3}{4}$　　② $2\dfrac{3}{4} \div \dfrac{8}{7}$ □ $2\dfrac{3}{4}$

③ $2\dfrac{3}{4} \div 1\dfrac{1}{12}$ □ $2\dfrac{3}{4}$　　④ $2\dfrac{3}{4} \div 0.87$ □ $2\dfrac{3}{4}$

3 次の問いに答えなさい。(各15点)

① 牛乳が $1\dfrac{1}{3}$ L あります。1日に $\dfrac{2}{9}$ L ずつ飲むと，何日で飲み終わりますか。

（　　　　　　　　）

② 針金 2.5m の重さをはかったら，$8\dfrac{3}{4}$ g でした。この針金 1m あたりの重さは何 g ですか。

（　　　　　　　　）

21

9 分数のわり算 ②

計算　図形

1 次の計算をしなさい。(各10点)

① $\dfrac{4}{7} \div \dfrac{2}{5} \div \dfrac{4}{9}$

② $\dfrac{5}{11} \div \dfrac{2}{3} \times 1\dfrac{5}{6}$

(　　　　　)　　(　　　　　)

③ $12 \times \dfrac{3}{4} \div 2\dfrac{5}{8}$

④ $4 \div \dfrac{5}{12} \div 4\dfrac{1}{5}$

(　　　　　)　　(　　　　　)

⑤ $2.8 \times 3\dfrac{1}{3} \div 6.3$

⑥ $\dfrac{3}{7} \div 2\dfrac{5}{14} \times 10.5$

(　　　　　)　　(　　　　　)

2 右の三角形の面積は $7\dfrac{3}{5}$ cm^2 です。このとき，□に

あてはまる数を求めなさい（10点）

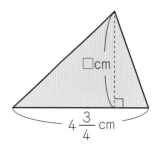

□cm

$4\dfrac{3}{4}$ cm

(　　　　　)

3 ある数に $2\dfrac{1}{6}$ をかけて 0.65 でわるのをまちがえて，0.65 をかけて $2\dfrac{1}{6}$ でわっ

てしまったので，答えが $1\dfrac{11}{25}$ になりました。次の問いに答えなさい。（各15点）

① ある数を求めなさい。

(　　　　　)

② 正しい答えを求めなさい。

(　　　　　)

10 計算 図形 2つの文字

学習日　月　日
得点　／100点

1 x と y の関係を式に表しなさい。(各 10 点)

① x 円のあんぱん 2 つと，y 円の牛乳(ぎゅうにゅう) 1 本を買った代金は 540 円

(　　　　　　　　　　)

② りんごジュースが x mL あり，さらに 300mL 入れました。これを 8 人で分けるとき，1 人分のジュースの量は y mL

(　　　　　　　　　　)

③ 1 辺の長さが x cm の正方形の面積 y cm^2

(　　　　　　　　　　)

2 次の式で，x の値(あたい)が 11 のとき，y の値を求めなさい。(20 点)

$2 \times (x - 9) = 16 \div (1 + y)$

(　　　　　　)

3 下の図のような直方体 A と立方体 B があります。直方体 A の体積は，立方体 B の体積より y cm³ 大きいことがわかっています。このとき，次の問いに答えなさい。

直方体 A

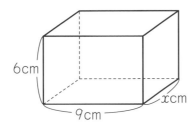

6cm
$x$cm
9cm

立方体 B

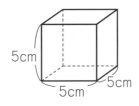

5cm
5cm
5cm

① x と y の関係を式に表しなさい。(15点)

$($　　　　　　　　　　　　　$)$

② x の値が 4 のとき，y の値を求めなさい。(15点)

$($　　　　$)$

③ y の値が 253 のとき，x の値を求めなさい。(20点)

$($　　　　$)$

2つの文字の値のうち，1つの値がわかれば，残り
の値を求めることができるんだね。

25

1 次の円の面積は何 cm² ですか。ただし，円周率は 3.14 とします。(各 10 点)

①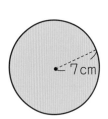

7cm

②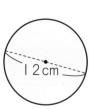

12cm

(　　　　　　　)　　(　　　　　　　)

2 次の図形の面積は何 cm² ですか。ただし，円周率は 3.14 とします。(各 10 点)

①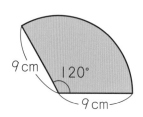

9cm
120°
9cm

②

6cm
45°
6cm

(　　　　　　　)　　(　　　　　　　)

3 次の図形の色がついた部分の面積は何 cm^2 ですか。ただし，円周率は 3.14 と します。(各 20 点)

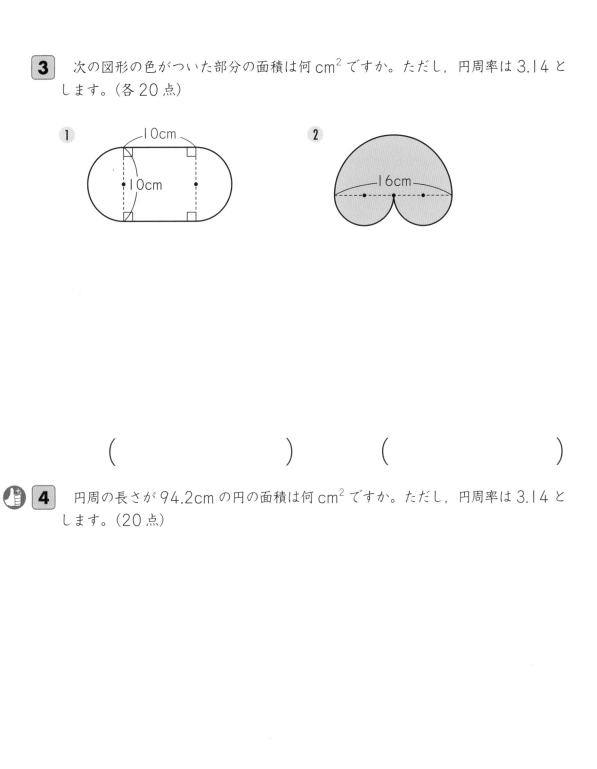

(   )   (   )

4 円周の長さが 94.2cm の円の面積は何 cm^2 ですか。ただし，円周率は 3.14 と します。(20 点)

(   )

ヒント
　円周の長さは，直径×円周率で求められることを利用して，まずは円の直径の長さを 求める。

1 半径18cmの円の中に, 半径7cmの円が右のように入っています。このとき, 色がついた部分の面積は何cm²ですか。ただし, 円周率は3.14とします。
(20点)

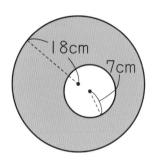

（　　　　　　　　）

2 次の図形の色がついた部分の面積は何cm²ですか。ただし, 円周率は3.14とします。(各15点)

①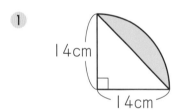

（　　　　　　　　）

②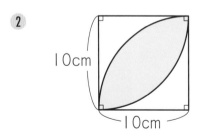

（　　　　　　　　）

3 次の図形の色がついた部分の面積は何 cm^2 ですか。ただし，円周率は 3.14 と します。(各 15 点)

① 24cm

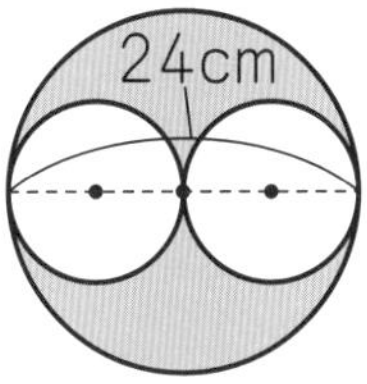

②
A — D
20cm
B — C
20cm

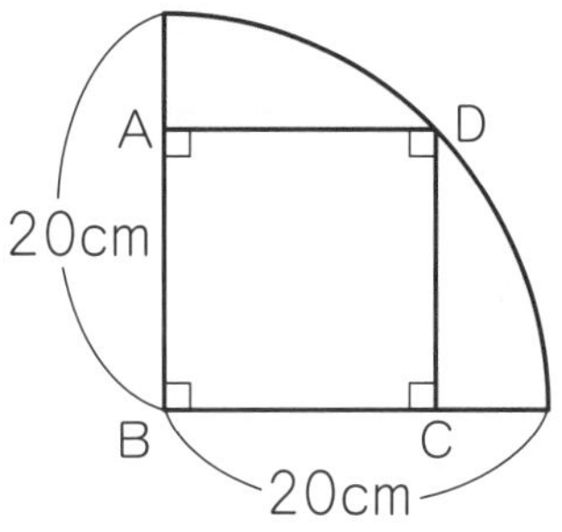

四角形 ABCD は正方形

(　　　　　　　)　(　　　　　　　　)

ヒント

② は，右の図の補助線の長さがわかれば，四角形ABCDの面積を求められることに注目する。

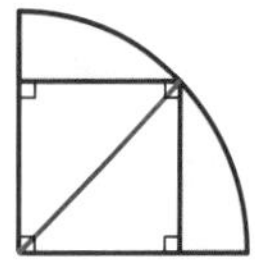

4 右の図は，直角三角形 ABC の中に，点 A を中心とした円の一部が入ったものです。このとき，色がついた部分の面積は何 cm^2 ですか。ただし，円周率は 3.14 とします。(20 点)

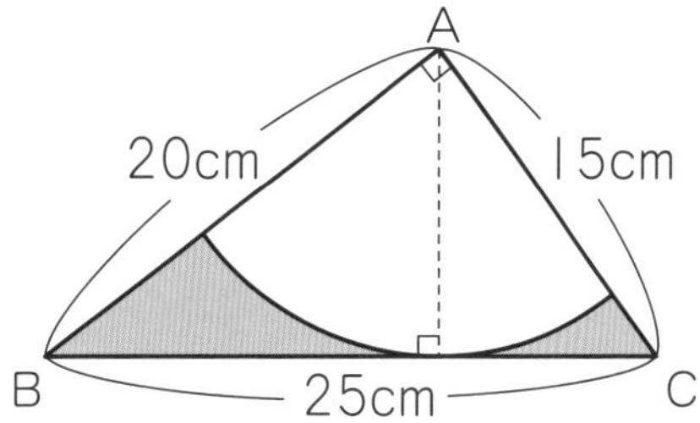

A
20cm　15cm
B — 25cm — C

(　　　　　　　)

1 次の角柱の体積を求めなさい。(各10点)

① 四角柱

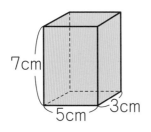

7cm

5cm　3cm

② 三角柱

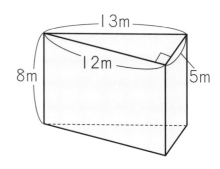

13m

12m

8m

5m

(　　　　　　　)　(　　　　　　　)

③ 四角柱

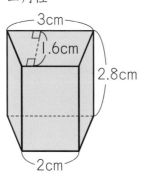

3cm

1.6cm

2.8cm

2cm

④ 四角柱

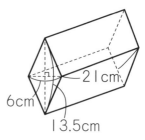

21cm

6cm

13.5cm

(　　　　　　　)　(　　　　　　　)

2 次の立体の体積は何 cm³ ですか。ただし, 円周率は 3.14 とします。(各 20 点)

①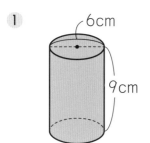

②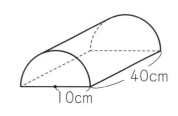

( ) ( )

3 次の角柱の体積は何 cm³ ですか。(20 点)

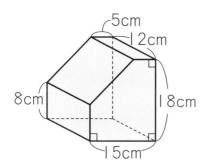

( )

1　次の立体の体積は何 cm³ ですか。ただし，円周率は 3.14 とします。

(各 15 点)

①　右の図のような，底面の円の半径が 3cm の円柱から三角柱をくりぬいた立体

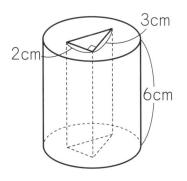

（　　　　　　　　）

②　右の図のような，三角柱から円柱を 4 等分してできる立体を切り取った立体

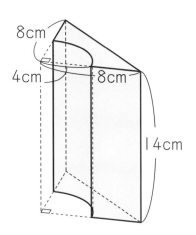

（　　　　　　　　）

2　右の四角柱の体積は 252cm³ です。このとき，□にあてはまる数を求めなさい。（20 点）

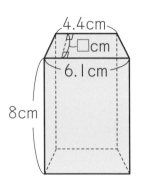

（　　　　　　　　）

32

3 右の図は，ある立体の展開図です。この展開図を組み立ててできる立体の体積は何 cm³ ですか。(20 点)

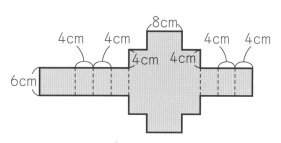

(　　　　　　　)

4 右の図は円柱の展開図です。次の問いに答えなさい。ただし，円周率は 3.14 とします。
(各 15 点)

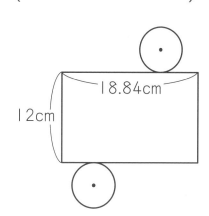

1 底面の円の半径は何 cm ですか。

(　　　　　　　)

> **ヒント**
> 側面の長方形の横の長さと底面の円の円周の長さが等しいことを利用する。

2 この展開図を組み立ててできる立体の体積は何 cm³ ですか。

(　　　　　　　)

15 比と比の値

計算　図形

1 次の比を簡単にしなさい。（各 10 点）

① 72 : 27

② 5 : 0.6

（　　　　　　　）　（　　　　　　　）

③ $\dfrac{2}{3} : \dfrac{7}{6}$

④ $1\dfrac{3}{4} : 0.875$

（　　　　　　　）　（　　　　　　　）

2 次の比を最も簡単な整数の比で表しなさい。また，比の値を求めなさい。

① 3 分 16 秒と 28 秒 （各 5 点）

比（　　　　　　　）　比の値（　　　　　　　）

② 153 g と 0.51 kg （各 5 点）

比（　　　　　　　）　比の値（　　　　　　　）

3 次の問いに答えなさい。比は最も簡単な整数の比で表しなさい。

1 右の図の長方形と正方形のまわりの長さの割合を比で表しなさい。(10点)

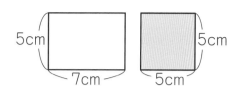

(　　　　　　　　　　)

2 右の図の三角形と台形の面積の割合を比で表しなさい。(15点)

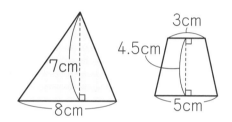

(　　　　　　　　　　)

3 右の図のように，半径12.1cmの円と半径4.4cmの円があります。2つの円の円周の長さの割合を比で表しなさい。(15点)

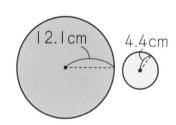

(　　　　　　　　　　)

これができるとかっこいい！

円周の長さを計算で求めて比で表すのは大変。ここでは，大きい円の円周を求める式にも，小さい円の円周を求める式にも，「× 3.14」が入っていることを使って，計算をくふうできないか考えよう。

16 計算 図形

比の利用

学習日　　月　　日

得点　　／100点

1 x にあてはまる数を求めなさい。(各5点)

① $\frac{3}{4}:8=x:32$

(　　　　　)

② $24:11=8:x$

(　　　　　)

③ $54:x=3:2$

(　　　　　)

④ $x:12.5=4:5$

(　　　　　)

2 次の問いに答えなさい。(各15点)

① りささんの年れいとお父さんの年れいの比はちょうど2：7です。りささんが12才のとき，お父さんは何才ですか。

(　　　　　)

② あるクラスの男子と女子の人数の比は9：8です。女子の人数が16人のとき，クラス全体の人数は何人ですか。

(　　　　　)

3 次の問いに答えなさい。（各10点）

① 赤い球と白い球が合わせて76個あり，個数の比は2：17です。このとき，赤い球は何個ありますか

( )

② 兄と弟で490mL のジュースを分けます。ジュースの量が兄と弟で4：3になるように分けるとき，弟がもらうジュースの量は何mL ですか。

( )

③ 姉と妹が，3000円のケーキを買うためにお金を出し合います。姉と妹の出す金額の比を7：5としたとき，姉は何円出せばよいですか。

( )

4 まわりの長さが210cm の長方形があり，この長方形の縦の長さと横の長さの比は3：4です。このとき，この長方形の面積は何cm² ですか。（20点）

( )

ヒント
　長方形のまわりの長さは，縦と横の長さの和の2つ分になっていることに注意して，縦と横の長さをそれぞれ求める。

学習日
月　日
得点
／100点

1 下の図を見て，**1**，**2**の □ にあてはまる記号や数を答えなさい。

（□ 1つ10点）

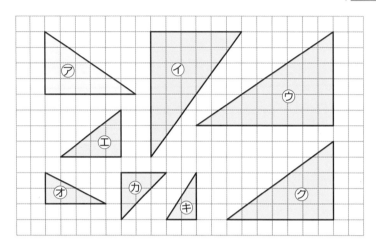

1 ㋐の拡大図を㋑〜㋗から選ぶと， □ です。また，その図は㋐の

□ 倍の拡大図になっています。

2 ㋐の縮図を㋑〜㋗から選ぶと， □ です。また，その図は㋐の

□ の縮図になっています。

2 下の四角形 ABCD の $\frac{5}{3}$ 倍の拡大図をかきなさい。ただし，点 A を中心とすること。（30点）

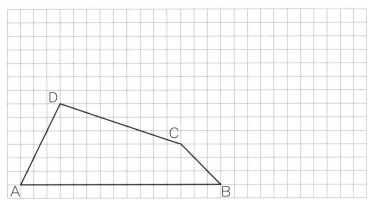

3 下の四角形 EFGH は四角形 ABCD の拡大図になっています。このとき，次の問いに答えなさい。（各15点）

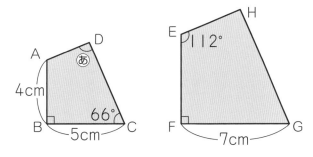

1 角あの大きさは何度ですか。

（　　　　　　）

2 辺 EF の長さは何 cm ですか。

（　　　　　　）

18 縮図の利用

1 次の問いに答えなさい。(各 15 点)

① 縮尺 1：3000 の地図上で 12cm の長さは，実際には何 m ですか。

（　　　　　　　）

② 実際では 30km の長さを縮尺 $\frac{1}{500000}$ の地図上で表すと，何 cm になりますか。

（　　　　　　　）

③ 実際の 4km の長さを 16cm で表した地図があります。この地図の縮尺を比の形で表しなさい。

（　　　　　　　）

④ 縮尺 $\frac{1}{15000}$ の地図上で，1 辺が 8cm の正方形の土地があります。この土地の実際の面積は何 km² ですか。

（　　　　　　　）

2 ある時刻に，まっすぐに立っている長さ 2m の棒のかげの長さと木のかげの長さをはかったところ，棒のかげの長さは 1.2m で，木のかげの長さは 4.8m でした。このとき，木の高さは何 m ですか。(20点)

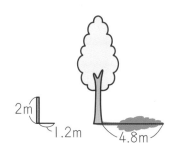

2m
1.2m
4.8m

(   )

かげのできた時刻は同じだから，棒の長さとかげの長さの比は，木の高さとかげの長さの比と同じになるよ。このことをうまく利用しよう。

3 下の図は，ある学校の敷地の $\frac{1}{900}$ の縮図です。このとき，校庭の面積は何 m² ですか。(20点)

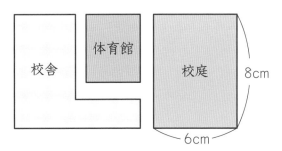

校舎　体育館　校庭　8cm　6cm

(   )

19 比例と反比例 ①

1 次の❶〜❸について，y が x に比例するものには○，y が x に反比例するものには△，どちらでもないものには×を書きなさい。(各10点)

❶ 1本50円のえんぴつを買うときの本数 x 本と代金 y 円

（　　　　　）

❷ 立方体の1辺の長さ x cm と体積 y cm^3

（　　　　　）

❸ 面積が 8m^2 の平行四辺形の，底辺の長さ x m と高さ y m

（　　　　　）

2 次のことがらについて，y を x を使った式で表しなさい。(各15点)

❶ 450g の小麦粉を x 枚のふくろに等分すると，1ふくろの小麦粉の重さは y g です。

（　　　　　）

❷ 縦が 12cm，横が 8cm，高さが x cm の直方体の体積は y cm^3 です。

（　　　　　）

3 下の表は，直方体の形をした水そうに水を入れたときの水の量（x L）と水の深さ（y cm）の関係を表したものです。次の問いに答えなさい。（各10点）

水の量 x（L）	1	2	3	4	5	6
水の深さ y（cm）	2.5	5	7.5	10	12.5	15

① y を x を使った式で表しなさい。

(   )

② 水の深さが40cmのとき，水の量は何 L ですか。

(   )

4 下の表は，60mのリボンを何人かで等分したときの人数（x 人）とリボン1本分の長さ（y m）の関係を表したものです。次の問いに答えなさい。（各10点）

人数 x（人）	2	4	6	8	10	12
1本分の長さ y（m）	30	15	10	7.5	6	5

① y を x を使った式で表しなさい。

(   )

② 25人に等分するとき，リボン1本分の長さは何mですか。

(   )

1 次の **1**, **2** の x と y の関係を表すグラフは, 下の**ア〜エ**のうちのどれですか。最も近いものを記号で答えなさい。(各10点)

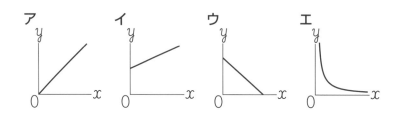

ア　イ　ウ　エ

1 底辺の長さが x cm, 高さが y cm, 面積が 10cm² の三角形

（　　　　　）

2 直径 x cm と円周の長さ y cm の円

（　　　　　）

2 x と y の関係を表す下のグラフを読み取って, 表のあいているところにあてはまる数を書き入れなさい。(各6点)

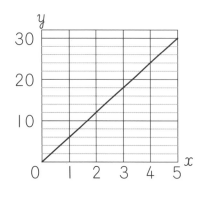

縦軸の1目もりはいくつになっているのかな？

x	1	2	3	4	5
y					

44

3 右のグラフは，ある水そうに満水になるまで水を入れるときの，1分間に入れる水の量（xL）と，満水になるまでの時間（y分）の関係を表しています。次の問いに答えなさい。

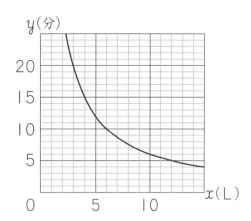

1 1分間に6Lの水を入れると，満水になるまでに何分かかりますか。

（15点）

(   )

2 満水になるまでの時間が15分だったとき，1分間に何Lの水を入れましたか。

（15点）

(   )

3 yをxを使った式で表しなさい。（20点）

(   )

1 1枚の百円玉を4回投げます。このとき，表と裏の出方は何通りありますか。
まい　　　　　　　　　　　　　　　　　　　　　　　　　　　　　　　　　　　　うら
（20点）

（　　　　　　　　　）

2 お父さん，お母さん，さやかさん，ゆうたさんの4人が写真をとるために，横一列に並びます。次の問いに答えなさい。（各20点）

① 4人の並び方は何通りありますか。

（　　　　　　　　　）

② 両はしがお父さんとお母さんになる並び方は何通りありますか。

（　　　　　　　　　）

ヒント

まず，左はしをお父さん，右はしをお母さんとして，並び方を考える。そのあと，その逆も同じように考えて，並び方が何通りあるかを求める。

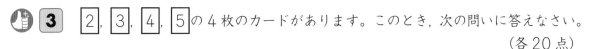

3 2, 3, 4, 5 の 4 枚のカードがあります。このとき，次の問いに答えなさい。

(各 20 点)

① このカードのうち，2 枚を取り出して 2 けたの整数をつくります。そのうち，偶数は何通りありますか。

(   )

② このカードのうち，3 枚を取り出して 3 けたの整数をつくります。そのうち，5 の倍数は何通りありますか。

(   )

知って いたら **かっこいい！** ・・→ **倍数を見分ける方法** ・・

3 ① ② は
・偶数（2 の倍数）… 一の位の数字が偶数（0，2，4，6，8）
・5 の倍数 … 一の位の数字が「0」または「5」
に注目して考える問題だったね。「2 の倍数」や「5 の倍数」以外にも見分ける方法があるから，とくに有名なものをいくつかしょうかいするよ！
・3 の倍数 … 全部の位の数字をたした答えが 3 でわりきれる
・4 の倍数 … 下 2 けたの数が，4 でわりきれるか「00」になっている
・6 の倍数 … 2 の倍数にも 3 の倍数にもなっている
・8 の倍数 … 下 3 けたの数が，8 でわりきれるか「000」になっている
・9 の倍数 … 全部の位の数字をたした答えが 9 でわりきれる

22 　計算

組み合わせ方

1 　りんご，みかん，ぶどう，かき，なしの 5 種類の果物があります。次の問いに答えなさい。(各 15 点)

① 　5 種類の中から 2 種類を選ぶとき，選び方は何通りありますか。

(　　　　　　　)

② 　5 種類の中から 4 種類を選ぶとき，選び方は何通りありますか。

(　　　　　　　)

2 　五百円玉，百円玉，五十円玉，十円玉が 1 枚ずつあります。これらの中から 2 枚を選ぶとき，できる金額は何通りありますか。(20 点)

(　　　　　　　)

3 　赤，白，黒，緑，黄，青の6チームでサッカーの試合をすることになりました。どのチームもちがったチームと1回ずつ試合をするとき，次の問いに答えなさい。

(各15点)

1 　試合は全部で何試合ありますか。

(　　　　　　　)

2 　1試合にかかる時間が25分のとき，すべての試合にかかる時間は何時間何分ですか。ただし，試合と試合の間の時間は考えないものとします。

(　　　　　　　)

4 　A，B，C，D，E，F，Gの7人は，図書委員会のメンバーです。A，B，Cの3人の中から委員長を1人，D，E，F，Gの4人の中から副委員長を2人選びます。このとき，委員長と副委員長の組み合わせは何通りありますか。(20点)

(　　　　　　　)

23 いろいろな場合の数

1 あかねさん，みどりさん，るりこさんの３人がじゃんけんを１回します。このとき，あいこになるような手の出し方は何通りありますか。（15点）

（　　　　　　　）

2 かりんさん，きよかさん，くるみさん，けいなさん，こはるさんの５人が，輪になって並び，フォークダンスをおどります。このとき，次の問いに答えなさい。

（各15点）

① 右の図のように，かりんさんの右手のほうのとなりがきよかさんになる並び方は何通りありますか。

かりん

きよか

（　　　　　　　）

② 輪になって並ぶ並び方は，全部で何通りありますか。

（　　　　　　　）

3 バニラクッキー, チョコクッキー, いちごクッキーが, それぞれたくさんあります。これらのクッキーを, 8枚で1セットになるように箱に入れます。どの味のクッキーも必ず1枚以上入るように箱に入れるとき, 入れ方は何通りありますか。(15点)

(　　　　　　　)

4 赤いブロックと白いブロックが, それぞれたくさんあります。これらのブロックを, 次の規則で横一列に並べます。
　・いちばん左には, 赤いブロックを並べる。
　・赤いブロックの右どなりにブロックを並べるときは, 赤いブロックか白いブロックのどちらかを並べる。
　・白いブロックの右どなりにブロックを並べるときは, 赤いブロックを並べる。
このとき, 次の問いに答えなさい。

① ブロックを2個並べる並べ方は何通りありますか。(10点)

(　　　　　　　)

② ブロックを3個並べる並べ方は何通りありますか。(15点)

(　　　　　　　)

③ ブロックを5個並べる並べ方は何通りありますか。(15点)

(　　　　　　　)

1　下の表は，まもるさんのクラスの握力測定の記録を表したものです。次の問いに答えなさい。

握力測定の記録 (kg)

19	23	29	16	21	31
26	27	13	12	14	15
17	18	25	32	24	19
20	16	11	23	28	22

❶　握力測定の記録を，下のような表に整理します。あいているところに，あてはまる数を書き入れなさい。(各5点)

握力測定の記録

握力 (kg)	人数 (人)
10以上 ～ 15未満	
15　　～ 20	
20　　～ 25	
25　　～ 30	
30　　～ 35	
合計	

❷　20kg以上の人は，全部で何人ですか。(10点)

(　　　　　　　)

52

2 ゆうごさんのクラスでクイズ大会を行い，10 問のクイズに挑戦しました。下の表は，何問のクイズに正解できたかの結果を表したものです。次の問いに答えなさい。(各 10 点)

クイズの正解数（問）				
4	10	8	4	4
9	5	10	4	10
8	4	6	3	4

① 15 人の正解数の，平均値，最頻値，中央値はそれぞれ何点ですか。

平均値 (   ) 最頻値 (   ) 中央値 (   )

② クイズ大会の日に休みだった人が 2 人いました。この 2 人が別の日に同じクイズに挑戦したところ，結果は次の表のようになりました。

クイズの正解数（問）	
3	6

休みだった 2 人の結果も入れると，平均値，最頻値，中央値はどのように変わりますか。あてはまるものを〇で囲みなさい。

平均値 (高くなる ・ 変わらない ・ 低くなる)

最頻値 (高くなる ・ 変わらない ・ 低くなる)

中央値 (高くなる ・ 変わらない ・ 低くなる)

1 下のグラフは，さくらさんのクラスの 50m 走の記録を柱状グラフに表したものです。次の問いに答えなさい。(1問15点)

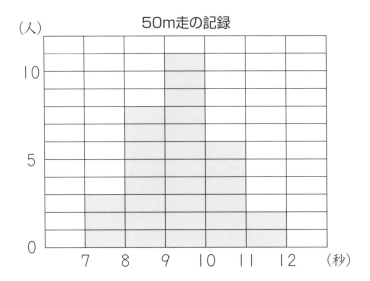

50m走の記録

1 さくらさんのクラスの人数は何人ですか。

（　　　　　　　　　　）

2 速いほうから数えて 14 番目の人は，何秒以上何秒未満の区切りになりますか。

（　　　　　　）秒以上（　　　　　　）秒未満

3 さくらさんの記録は 8.8 秒でした。速いほうから数えて何番目から何番目の間になりますか。

（　　　　　　）番目から（　　　　　　）番目の間

4 記録が 7 秒以上 8 秒未満の人数は，全体の何％になりますか。

（　　　　　　　　　　）

2 下のグラフは，かなでさんの学年で身長を測定した結果を，男子と女子に分けて柱状グラフに表したものです。次の **1** 〜 **4** について，正しければ〇，まちがっていれば×，このグラフだけでは正しいかまちがいか判断できないときは△をつけなさい。(各10点)

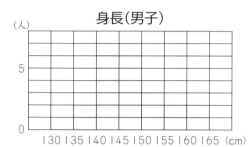

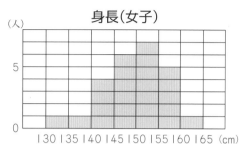

1 この学年の男子と女子の人数は同じである。

（　　）

2 この学年でもっとも身長が高い人は男子である。

（　　）

3 身長が145cm以上の人数は，男子より女子のほうが多い。

（　　）

4 男子の中央値は，女子の中央値より高い。

（　　）

1 次の面積や体積を [ ] の中の単位で表しなさい。(各10点)

① 2.07km² [m²]

② 35000m² [a]

(　　　　　) (　　　　　)

③ 4.8m³ [cm³]

④ 9500dL [m³]

(　　　　　) (　　　　　)

2 右の図のような長方形を組み合わせた形をした土地があります。この土地の面積は何aですか。また，何haですか。
(各10点)

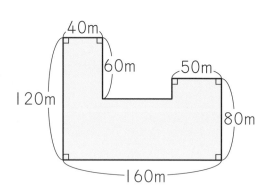

(　　　　　a), (　　　　　ha)

3 右の図のような直方体の形をした水そうがあります。水そうの厚さは考えないものとして、次の問いに答えなさい。

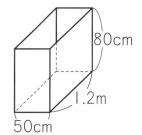

80cm
1.2m
50cm

① 水そうの容積は何 cm³ ですか。また、何 m³ ですか。
（各10点）

(cm³), (m³)

② この水そうに90Lの水を入れると、水の深さは何 cm になりますか。（20点）

(   )

27 計算

分数と割合（わりあい） ①

学習日 月 日

得点 ／100点

1 赤，青，白，緑のテープがそれぞれ１本ずつあります。赤のテープの長さは $1\frac{1}{24}$ m，青のテープの長さは $\frac{15}{16}$ m です。このとき，次の問いに答えなさい。

（各15点）

❶ 赤のテープの長さは，青のテープの長さの何倍ですか。

（　　　　　　）

❷ 白のテープの長さは，赤のテープの長さの $\frac{4}{5}$ 倍です。白のテープの長さは何 m ですか。

（　　　　　　）

❸ 青のテープの長さは，緑のテープの長さの $1\frac{17}{18}$ 倍です。緑のテープの長さは何 m ですか。

（　　　　　　）

2 まみこさんは，持っていたお金の $\frac{2}{9}$ で 700 円のぬいぐるみを買いました。はじめに持っていたお金は何円ですか。(15点)

(　　　　　)

3 まもるさんは，定価が 840 円のボールペンを定価の $\frac{5}{6}$ の値段で，定価が 1050 円の本を定価の $\frac{6}{7}$ の値段で買いました。まもるさんが使ったお金の合計は何円ですか。(20点)

(　　　　　)

4 まさよしさんは『グレードアップ問題集　算数　文章題』に取り組んでいます。現在，第 1 回から第 18 回まで学習が終わっていて，これは全体の $\frac{2}{5}$ です。この問題集は，あと何回残っていますか。(20点)

(　　　　　)

28 計算 分数と割合 ②

1　りんごとみかんが箱に入っています。りんごの個数は，みかんの個数の $\frac{2}{3}$ よりも 4 個少ない 12 個です。このとき，みかんの個数は何個ですか。(20点)

（　　　　　　　　　）

ヒント

みかんの個数の割合を 1 として，数直線をかいて考える。

2　びんにジュースが入っています。はじめに，そうたさんが全体の $\frac{2}{5}$ を飲み，そのあと，けんじさんが残ったジュースの $\frac{5}{8}$ を飲むと，90mL のジュースが残りました。このとき，次の問いに答えなさい。(各15点)

① そうたさんが飲んだあとに残ったジュースは何 mL ですか。

（　　　　　　　　　）

② びんに入っていたジュースは何 mL ですか。

（　　　　　　　　　）

3 さくらさん，あかりさん，ゆうきさんでリボンを分けます。さくらさんが全体の $\frac{1}{4}$ と 10cm を取り，あかりさんが $\frac{1}{3}$ と 5cm を取ったので，ゆうきさんの分は 30cm になりました。はじめにあったリボンの長さは何 cm ですか。(20点)

（　　　　　　　　）

4 ともやさんは，ある本を 2 日間で読み終わりました。1 日目に読んだページ数は，全体のページ数の $\frac{5}{12}$ より 11 ページ多く，$\frac{9}{16}$ より 10 ページ少なかったそうです。このとき，次の問いに答えなさい。(各15点)

1 全体のページ数は何ページですか。

（　　　　　　　　）

2 2 日目に読んだページ数は何ページですか。

（　　　　　　　　）

学習日

月　日

得点

／100点

1 　右の図のような三角形 ABC があり，辺 BC と直線 DE が平行になるように辺 AB 上に点 D を，辺 AC 上に点 E をとりました。このとき，次の問いに答えなさい。

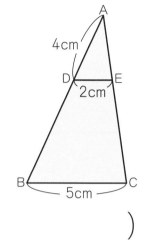

① 　三角形 ADE の拡大図になっている三角形を１つ答えなさい。（10点）

（　　　　　　　　　　　　）

② 　①の三角形は，三角形 ADE の何倍の拡大図になっていますか。（10点）

（　　　　　　　　　　　　）

③ 　直線 DB の長さは何 cm ですか。（20点）

（　　　　　　　　　　　　）

拡大図と縮図の関係になっている三角形の見つけ方

　２つの三角形が拡大図と縮図の関係になっているかどうかを調べるときは，次の３つに注目するんだ。
　①２組の角の大きさが等しいかどうか
　②３組の辺の比が等しいかどうか
　③２組の辺の比が等しく，その間の角の大きさが等しいかどうか
　この３つのうち，どれか１つにあてはまっていたら，その２つの三角形は拡大図と縮図の関係になっているといえるよ。辺の長さや角度を求めるとき，拡大図と縮図の関係を見つけることがカギになる問題があるから，ぜひ覚えておこう！

2 右の図は，辺 AD と辺 BC が平行な台形 ABCD に対角線を引いたものです。対角線の交点を E とするとき，次の問いに答えなさい。(各 15 点)

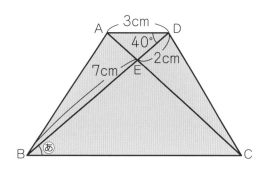

① 角あの大きさは何度ですか。

（　　　　　　　）

② 辺 BC の長さは何 cm ですか。

（　　　　　　　）

3 右の図は，直角三角形 ABC の辺 BC 上に点 D をとったものです。直線 AD が辺 BC に垂直であるとき，次の問いに答えなさい。(各 15 点)

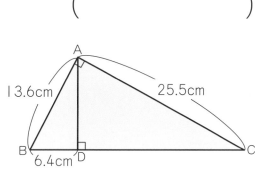

① 直線 AD の長さは何 cm ですか。

（　　　　　　　）

② 三角形 ABC のまわりの長さは何 cm ですか。

（　　　　　　　）

1 　右の図のように，りえさんが高さ 4.5m の
街灯の近くに立っています。りえさんのかげ
の長さが 2m，街灯の真下からりえさんまでの
きょりが 4m でした。このとき，次の問いに
答えなさい。(各 25 点)

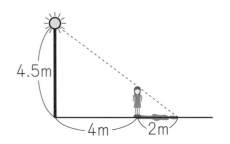

1 　下の図のように，街灯を直線 AB，りえさんを直線 CD，かげの先を点 E と決
めました。このとき，三角形 ABE の縮図になっている三角形を 1 つ答えなさい。

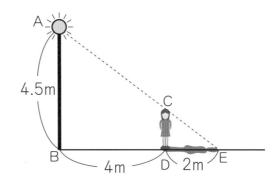

（　　　　　　　　　　）

2 　りえさんの身長は何 cm ですか。

（　　　　　　　　　　）

3 りえさんは，街灯に近づくように 0.4m 移動しました。このとき，りえさん
のかげの長さは何 m ですか。

（　　　　　　　　）

ヒント
　りえさんが移動したあとの図に，右の図のように直線
FG を補助線として引いて考える。

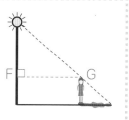

4 りえさんはかげの長さが身長と同じになるところへ歩いて移動しました。この
とき，街灯の真下からりえさんまでのきょりは何 m ですか。

（　　　　　　　　）

1 次の図形の色がついた部分の面積は何 cm^2 ですか。ただし，円周率は 3.14 とします。（各 25 点）

①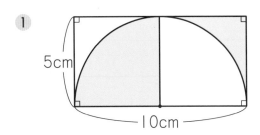

5cm

10cm

（　　　　　　　）

②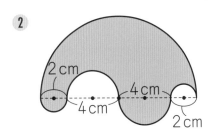

2 cm

4 cm　　4 cm

2 cm

（　　　　　　　）

これが
できると **かっこいい！**

図形の一部を移動して，面積が求めやすい形に変形してみよう！　次のページでも，同じ考え方を使う問題に取り組むよ。

2 　右の図は，1辺の長さが16cmの正方形ABCDの中に，辺BCを直径とする円の半分と，点Bを中心とする円の一部をかいたものです。このとき，色がついた部分の面積は何cm²ですか。(25点)

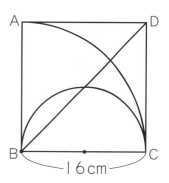

（　　　　　　　　　）

3 　右の図は，半径が3cmの円の半分と正三角形が重なった図形です。このとき，色がついた部分の面積は何cm²ですか。ただし，円周率は3.14とします。(25点)

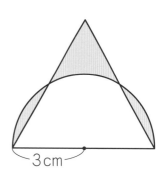

（　　　　　　　　　）

角柱と円柱の体積 ③

1 右の図のように，三角柱の形をした容器に水が入っています。容器から水がこぼれることはなく，容器の厚さは考えないものとして，次の問いに答えなさい。(各 20 点)

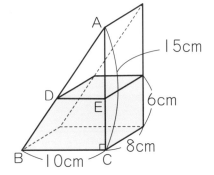

① 直線 DE の長さは何 cm ですか。

（　　　　　　　）

② 容器に入っている水の体積は何 cm³ ですか。

（　　　　　　　）

③ この容器を，三角形 ABC が底面になるように置くと，水の深さは何 cm になりますか。

（　　　　　　　）

2 次の図を，直線**ア**を軸にして１回転してできる立体の体積は，それぞれ何 cm³ですか。ただし，円周率は 3.14 とします。（各 20 点）

①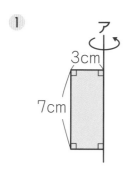

（　　　　　　　）

②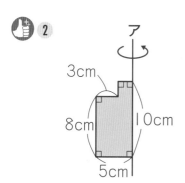

（　　　　　　　）

33 計算

分数の計算のまとめ

1 次の計算をしなさい。(各 10 点)

① $\dfrac{5}{8} - \dfrac{1}{4} \times \dfrac{2}{3}$

（　　　　　）

② $0.35 + \dfrac{3}{11} \div 0.75 \times 5\dfrac{1}{2}$

（　　　　　）

③ $\dfrac{1}{14} + 1.8 \div \dfrac{7}{15} - \dfrac{3}{7}$

（　　　　　）

④ $3\dfrac{3}{8} - 1\dfrac{4}{5} + 2.7 \times \dfrac{7}{12}$

（　　　　　）

2 次の計算をしなさい。(各15点)

(1) $1\dfrac{8}{15} \div \left(\dfrac{1}{7} + 0.12\right)$

$($ $\qquad$ $)$

(2) $\left(\dfrac{2}{5} + 0.2\right) \times 2\dfrac{2}{3} \div \left(5.3 - 3\dfrac{1}{2}\right)$

$($ $\qquad$ $)$

3 くふうして，次の計算をしなさい。(各15点)

(1) $\dfrac{1}{4} \times 2\dfrac{1}{3} + \dfrac{13}{28} \times 2\dfrac{1}{3}$

$($ $\qquad$ $)$

(2) $46.8 \times \dfrac{1}{5} + 23.4 \times \dfrac{3}{10} + 2.34 \times 3$

$($ $\qquad$ $)$

1 　右の図のような歯車 A，B があり，たがいにかみ合って回転します。歯車 A の歯数は 50，歯車 B の歯数は 40 です。歯車 A が 8 回転するとき，歯車 B は何回転しますか。（25点）

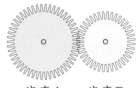

歯車A　　歯車B

（　　　　　　　）

歯車の歯数と回転数の関係

　2 つの歯車がかみ合って回転するとき，A の歯と B の歯が 1 つずつかみ合うから，かみ合った歯数は，A と B で等しくなるよ。

　かみ合った歯数は，歯数と回転数の積で求められるんだ。だから，A の歯数を□，回転数を△，B の歯数を■，回転数を▲とすると，

　　　□×△＝■×▲

が成り立つんだよ。

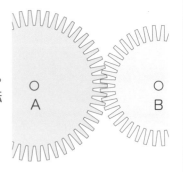

歯車の問題は，歯数と回転数の関係を知っていれば，こわくない！　次のページの問題にもちょうせんしよう！

2 右の図のように，3つの歯車A，B，Cがあり，たがいにかみ合って回転します。歯車A，B，Cの歯数はそれぞれ45，15，30です。このとき，次の問いに答えなさい。(各25点)

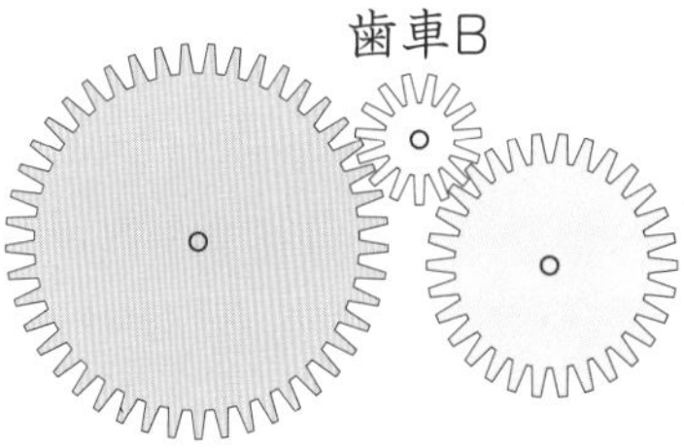

歯車B

歯車A　　歯車C

1 歯車Bが6回転したとき，歯車Aは何回転しますか。

（　　　　　　　）

2 歯車Aが8回転したとき，歯車Cは何回転しますか。

（　　　　　　　）

3 2つの歯車A，Bがあり，たがいにかみ合って回転します。歯車Aの歯数が20，歯車Bの歯数が12のとき，歯車Aが180度回転すると，歯車Bは何度回転しますか。(25点)

（　　　　　　　）

ヒント
180°÷360°＝0.5　だから，「180度回転する」は「0.5回転する」と読みかえられる。

73

1 さやかさんは愛犬のモモと一緒に散歩をしています。散歩の途中で，さやかさんはモモのおやつを買いに，はなまるスーパーに行きました。

1 さやかさんがはなまるスーパーで買い物をしている間，下の図のような長方形のさくのかどに 3m のひもでモモをつないでおきます。このとき，モモが動けるはんいは色がついた部分になります。モモが動けるはんいの面積は何 m² ですか。ただし，円周率は 3.14 とします。(30点)

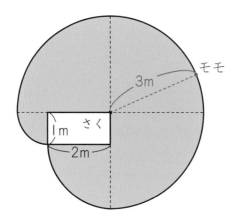

(　　　　　　　)

はなまるスーパーにはモモがお気に入りのおやつがなかったので，すこしはなれたわくわくショップに行きました。さやかさんが買い物をしている間，モモを右のような三角形のさくに3mのひもでつないでおきます。

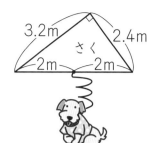

2 下の図の，角あの大きさと角いの大きさの和は何度ですか。(30点)

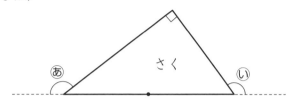

(   )

3 モモはさくの外側を自由に動き回ることができます。このとき，モモが動けるはんいの面積は何m²ですか。ただし，円周率は3.14とします。(40点)

(   )

1 右の図のように，長方形 ABCD の辺 AB 上に点 E があります。このとき，次の問いに答えなさい。

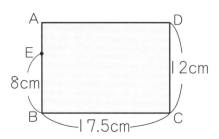

① 辺 BC 上に点 F をとり，直線 EF の長さと直線 FD の長さの和が最も小さくなるようにします。このとき，点 F の位置を下の図に書きこみなさい。（35 点）

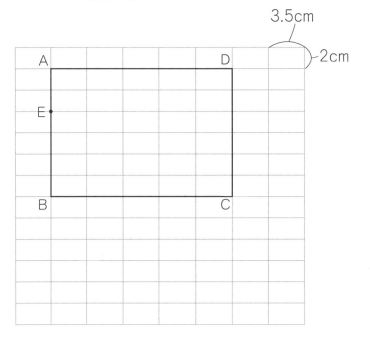

これができるとかっこいい！

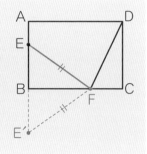

辺 BC を対称の軸として，点 E と対応する点 E′（イーダッシュ）をとったとき，直線 EF の長さと直線 E′F の長さは常に等しくなるね。このことに注目して，点 F の位置を考えよう。

2 **1**のとき，直線 BF の長さは何 cm ですか。（30 点）

(   )

3 辺 AD 上に点 G，辺 BC 上に点 H をとり，直線 EG の長さと直線 GH の長さと直線 HD の長さの和が最も小さくなるようにします。このとき，直線 CH の長さは何 cm ですか。（35 点）

(   )

対応する点の名前

　たとえば，辺 BC を対称の軸として点 E と対応する点をとったとき，その点の名前を「点 E′」とつけることがあるよ。どの点とどの点が対応しているのかを一目で見分けることができるから，覚えておくと便利だね。

37 水の変化とグラフ

学習日

月　日

得点

／100点

1　右の**図1**のような直方体の容器に，水を1分間に0.8Lの割合_{わり}で入れていき，満水になったところで水を止めました。水を入れ始めてから止めるまでの時間と，この容器の水面の高さの関係をグラフに表すと，**図2**のようになります。①，②にあてはまる数をそれぞれ答えなさい。ただし，容器の厚さは考えないものとします。(各10点)

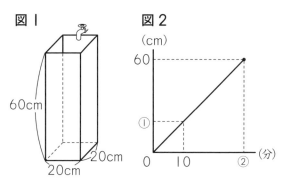

①（　　　　　　　　），②（　　　　　　　　）

2　右の**図1**のような直方体の容器と，給水管A，Bがあります。この容器に，まず給水管Aだけを使って水を入れ，途中_{とちゅう}から給水管Bも使って水を入れました。容器が満水になった時点で水は止めるものとします。水を入れ始めてからの時間と容器の水面の高さの関係が**図2**のようなグラフで表されるとき，次の問いに答えなさい。ただし，容器の厚さは考えないものとします。

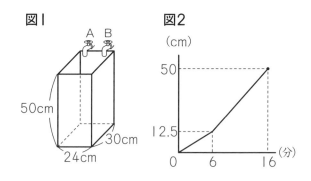

① 給水管Bを使い始めたのは，水を入れ始めてから何分後ですか。(10点)

（　　　　　　　　）

2 給水管 A は，１分あたり何 L の水を入れていますか。（15点）

(   )

3 給水管 B は，１分あたり何 L の水を入れていますか。（15点）

(   )

3 下の**図１**のような仕切りのある直方体の水そうに，給水管から水を１分あたり 4L の割合で入れていきます。水を入れ始めてからの時間と辺 AB における水面の高さの関係をグラフで表すと**図２**のようになります。このとき，次の問いに答えなさい。ただし，水そうの厚さは考えないものとします。

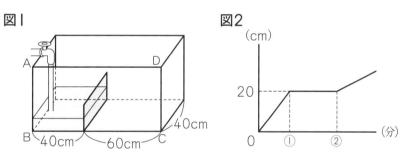

図１

図２

1 仕切りの高さは何 cm ですか。（10点）

(   )

2 ①，②にあてはまる数をそれぞれ答えなさい。（各15点）

① (   )，② (   )

38 図形と速さ

1 　右の図のような長方形 ABCD の辺上を 2 点 P，Q が動きます。点 P は頂点 A から出発して時計まわりに A → D → C → B の順に秒速 3cm で動き，点 Q は頂点 C から出発して時計まわりに C → B → A → D → C → B の順に秒速 5cm で動きます。点 P と点 Q は同時に出発するとき，次の問いに答えなさい。（各20点）

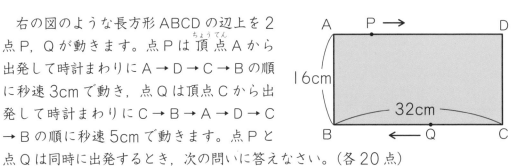

❶ 　直線 PQ が，辺 AB と初めて平行になるまでにかかる時間は何秒ですか。

（　　　　　　　　）

❷ 　点 Q が点 P と重なるまでにかかる時間は何秒ですか。

（　　　　　　　　）

❸ 　❷のとき，三角形 ABP の面積は何 cm² ですか。

（　　　　　　　　）

2 右の図のような点Oを中心とする円を2等分したうちの1つ分があり,その曲線部分を2点P,Qが動きます。点Pは点Aを出発して点Bまで時計まわりに秒速9.3cmで動き,点Qは点Bを出発して点Aまで反時計まわりに秒速6.4cmで動きます。直線POと直線QOがつくる角を⑥とするとき,次の問いに答えなさい。ただし,円周率は3.14とします。

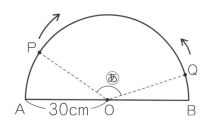

① 点Pと点Qが重なるまでにかかる時間は,2点P,Qが出発してから何秒後ですか。(20点)

(　　　　　　　　　　　)

② 角⑥の大きさが60°になるのは,2点P,Qが出発してから何秒後と何秒後ですか。2つ答えなさい。(各10点)

(　　　　　　　秒後と　　　　　　　秒後)

角⑥の大きさが60°になるのは,点Pと点Qが重なるまでに1回と,点Pと点Qが重なってから1回の,合計2回あるよ。

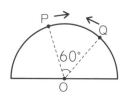 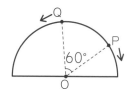

39 円の面積の応用 ②

1 下の図は，半径 2cm の円を直線**ア**に沿ってすべらないように転がしたときの図で，円が通った部分に色をつけています。このとき，次の問いに答えなさい。ただし，円周率は 3.14 とします。(各 20 点)

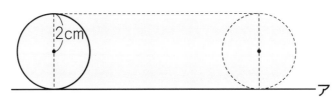

① 円が 1 回転したとき，中心が動いた長さは何 cm ですか。

（　　　　　　　　　）

② **①**のとき，円が通った部分の面積は何 cm^2 ですか。

（　　　　　　　　　）

③ 円が通った部分の面積が $314cm^2$ になるとき，円は何回転していますか。

（　　　　　　　　　）

2 右のように，1辺の長さが6cmの正三角形ABCを直線に沿ってすべらないように転がします。点Aがいちばん上にもどるまで転がすとき，点Aが動く長さは何cmですか。ただし，円周率は3.14とします。（20点）

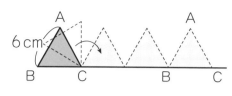

(　　　　　　　　　)

3 半径5cmの円を4等分したうちの1つを⑦とします。右の図のように，⑦を直線に沿って，すべらないように転がします。円の半径ACが直線上にくるまで転がすとき，点Aが通った線と，直線で囲まれた部分の面積は何cm²ですか。ただし，円周率は3.14とします。（20点）

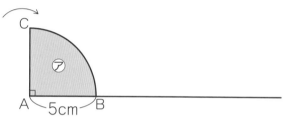

(　　　　　　　　　)

⑦の曲線部分が直線上を通るときの，点Aと直線のきょりに注目してみよう。

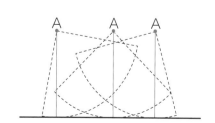

40 逆算

1 x にあてはまる数を求めなさい。(各10点)

① $\dfrac{2}{5} \times x - \dfrac{1}{14} = \dfrac{1}{2}$

(　　　　　)

② $\dfrac{1}{15} + x \div \dfrac{10}{21} = 1$

(　　　　　)

③ $x \times \dfrac{1}{4} - \dfrac{1}{6} \div 2.5 = \dfrac{1}{10}$

(　　　　　)

④ $\dfrac{7}{12} \div \dfrac{3}{14} \times x - 3 = \dfrac{1}{2}$

(　　　　　)

2 x にあてはまる数を求めなさい。(各20点)

① $(x + 0.5) \div \dfrac{4}{7} = 1\dfrac{3}{16}$

(   )

② $\dfrac{1}{4} + \left(x \times \dfrac{1}{3} - \dfrac{2}{15} \div 1\dfrac{1}{5}\right) = \dfrac{5}{12}$

(   )

 3 ●, ▲の2つの記号があり,

A●B = A×B－A

A▲B = A÷B＋B

と表すものとします。このとき, 次の x にあてはまる数を求めなさい。(20点)

$\left(\dfrac{1}{4} \bullet x\right) \blacktriangle \dfrac{1}{2} = \dfrac{5}{6}$

(   )

41 図形 面積の比 ①

1 次の問いに答えなさい。

1 ①，②の三角形において，三角形 ABD と三角形 ACD の面積の比を，最も簡単な整数の比でそれぞれ求めなさい。（各15点）

①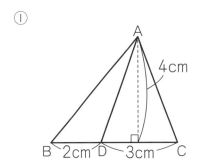

②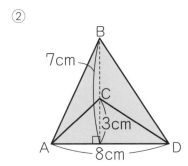

（　　　　　　　） （　　　　　　　）

2 高さが同じ三角形が2つあり，底辺の長さの比は $a:b$ です。このとき，2つの三角形の面積の比を，a，b を使って表しなさい。（20点）

（　　　　　　　）

知って
いたら かっこいい！ ── **2つの三角形の面積の比** ●

高さ，または底辺の長さが等しい2つの三角形の面積の比は，次のようになるよ。
・高さが等しいとき　　…底辺の長さの比に等しくなる
・底辺の長さが等しいとき…高さの比に等しくなる

面積の比… $a:b$

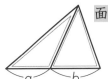

面積の比… $a:b$

2 　右の図のような三角形 ABC があり, 辺 BC 上に点 D, 直線 AD 上に点 E があります。直線 AD と辺 BC は直角に交わります。BD：DC ＝ 1：4, AE：ED ＝ 2：1 で, 三角形 ABC の面積が 105cm² のとき, 三角形 BDE の面積は何 cm² ですか。(20 点)

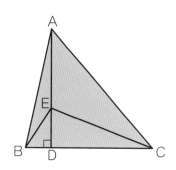

（　　　　　　　）

3 　右の図のような三角形 ABC があり, 辺 BC 上に点 D, 辺 CA 上に点 E, 直線 AD 上に点 F があります。BD：DC ＝ 3：4, CE：EA ＝ 2：5, AF：FD ＝ 1：1 で, 三角形 DEF の面積が 20cm² であるとき, 次の問いに答えなさい。(各 15 点)

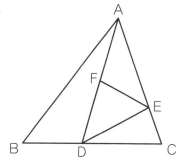

① 　三角形 ADE の面積は何 cm² ですか。

（　　　　　　　）

② 　三角形 ABC の面積は何 cm² ですか。

（　　　　　　　）

42 面積の比 ②

学習日　　月　　日
得点　　／100点

1 次の問いに答えなさい。

(1) 右の2つの三角形は，拡大図と縮図の関係です。このとき，対応する辺の長さの比を，最も簡単な整数の比で求めなさい。（15点）

（　　　　　　）

(2) (1)の三角形ABCの面積と三角形DEFの面積の比を，最も簡単な整数の比で求めなさい。（15点）

（　　　　　　）

(3) ある三角形㋐と，㋐を拡大した三角形㋑があり，2つの三角形の対応する辺の長さの比は $a:b$ です。このとき，三角形㋐と三角形㋑の面積の比を，a，b を使って表しなさい。（20点）

（　　　　　　）

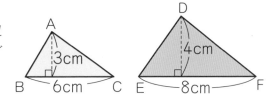

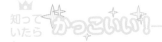

知ってたらかっこいい！　**拡大図と縮図の面積の比**

拡大図と縮図の関係になっている2つの図形があって，対応する辺の長さの比が $a:b$ のとき，その2つの図形の面積の比は，$(a\times a):(b\times b)$ になるんだ。
この関係は三角形や四角形をはじめとした，すべての多角形で成り立つよ。

面積の比… $(a\times a):(b\times b)$

面積の比… $(a\times a):(b\times b)$

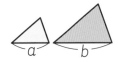

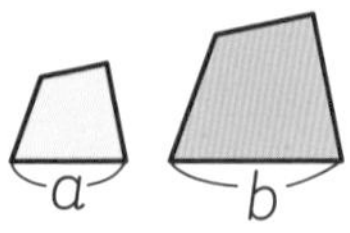

2 右の図で，直線 AE と直線 CD は平行で，長さの比は 2：5 です。三角形 BCD の面積が 40cm² のとき，三角形 ABE の面積は何 cm² ですか。(20 点)

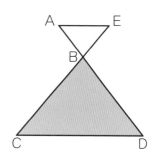

(　　　　　)

3 右の図のような三角形 ABC があり，辺 AB 上に点 D と点 E，辺 BC 上に点 F，辺 CA 上に点 G があります。点 D，点 E は辺 AB を 3 等分する点で，直線 DF は辺 AC と，直線 EG は辺 BC とそれぞれ平行です。直線 DF と直線 EG が交わった点を H，四角形 BFHE の面積が 18cm² のとき，次の問いに答えなさい。(各 15 点)

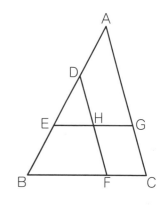

① 三角形 BFD の面積は何 cm² ですか。

(　　　　　)

② 三角形 ABC の面積は何 cm² ですか。

(　　　　　)

1 次の図形の色がついた部分の面積は何 cm^2 ですか。ただし，円周率は 3.14 とします。(各 15 点)

①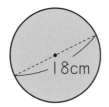

18cm

②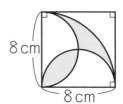

8 cm

8 cm

(　　　　　　　)　　(　　　　　　　)

2 次の立体の体積は何 cm^3 ですか。ただし，円周率は 3.14 とします。(各 15 点)

①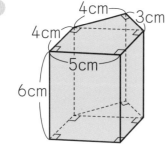

4cm　3cm

4cm

5cm

6cm

②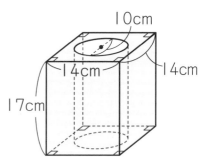

10cm

14cm　14cm

17cm

(　　　　　　　)　　(　　　　　　　)

3 右の三角形の拡大図を, まわりの長さが 73.5cm になるようにかきます。このとき, 辺 AB の長さを何 cm にすればよいですか。

(20点)

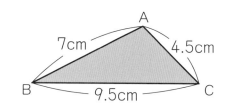

(   )

4 右の図のような直角三角形 ABC の辺 AC 上に, AD : DC = 1 : 2 となるような点 D があります。さらに辺 AB 上に点 E をとり, 直線 DE の長さと直線 EC の長さの和が最も小さくなるようにします。このとき, 直線 AE の長さは何 cm ですか。

(20点)

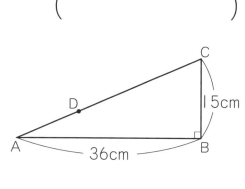

(   )

1 右の図は，ある立体の展開図です。この展開図を組み立ててできる立体の体積は何 cm³ ですか。

（20点）

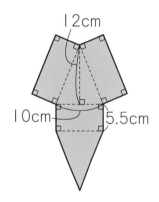

12cm

10cm　5.5cm

（　　　　　　　　）

2 下のような直角二等辺三角形を直線**ア**に沿って，すべらないように転がします。辺 AB が直線**ア**上にくるまで転がすとき，点 B が通った線と，直線**ア**で囲まれた部分の面積は何 cm² ですか。ただし，円周率は 3.14 とします。（20点）

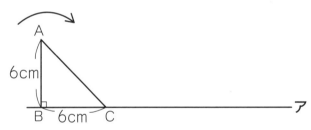

A

6cm

B　6cm　C　　　　　　　ア

（　　　　　　　　）

3 身長1.6mのこうたさんが高さ5.4mの街灯の下に立っています。こうたさんが街灯の真下から9.5mはなれたところにいるとき、こうたさんのかげの長さは何mですか。(20点)

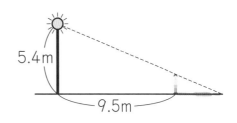

(　　　　　　　)

4 右の図のような三角形ABCがあり、辺AB上に点Dを、辺AC上に点Eを、直線DEが辺BCと平行になるようにとります。また、直線AD上に2点F、Hを、直線DE上に2点G、Jをとります。4本の直線FG、GH、HJ、JAは、三角形ADEの面積を5等分しています。直線DGの長さが24cm、辺BCの長さが60cmのとき、次の問いに答えなさい。(各20点)

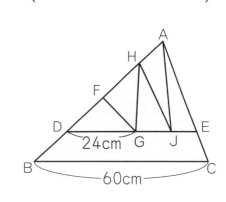

① 辺DEの長さは何cmですか。

(　　　　　　　)

② 四角形BCEDの面積が175cm² のとき、三角形ADEの面積は何cm² ですか。

(　　　　　　　)

93

計算総復習

1 次の計算をしなさい。(各10点)

① $\dfrac{1}{7} + \dfrac{2}{3} \times \dfrac{3}{5}$

（　　　　　　）

② $0.75 - \dfrac{3}{8} \div 2\dfrac{1}{4} - \dfrac{1}{2}$

（　　　　　　）

③ $\dfrac{5}{16} \times \left(\dfrac{19}{21} - \dfrac{1}{3} \right) - \dfrac{1}{7}$

（　　　　　　）

④ $1 - \left(\dfrac{5}{11} + \dfrac{4}{33} \right) \times \dfrac{3}{38} - 0.5$

（　　　　　　）

2 x にあてはまる数を求めなさい。(各15点)

① $1.2 : x = 3.6 : 8.1$

(   )

② $\dfrac{2}{3} : 0.8 = \dfrac{4}{9} : x$

(   )

③ $(7 \times x - 13) \div 4 + 3 = 19$

(   )

④ $\left(2 + 3\dfrac{3}{5} \times x\right) \div 3\dfrac{1}{4} = 3\dfrac{1}{5}$

(   )

これで小学校の算数はばっちり。
最後までがんばったキミは，とて
もかっこいいよ！

Ｚ会グレードアップ問題集

小学6年 算数 計算・図形 改訂版

初版 　第 1 刷発行　　2017 年 7 月 10 日
改訂版 第 1 刷発行　　2020 年 2 月 10 日
改訂版 第 5 刷発行　　2022 年 8 月 10 日

編者　　　Ｚ 会編集部
発行人　　藤井孝昭
発行所　　Ｚ 会
　　　　　〒 411-0033　静岡県三島市文教町 1-9-11
　　　　　【販売部門：書籍の乱丁・落丁・返品・交換・注文】
　　　　　TEL　055-976-9095
　　　　　【書籍の内容に関するお問い合わせ】
　　　　　https://www.zkai.co.jp/books/contact/
　　　　　【ホームページ】
　　　　　https://www.zkai.co.jp/books/
装丁　　　Concent, Inc.
表紙撮影　花渕浩二
印刷所　　シナノ書籍印刷株式会社

ISBN　978-4-86290-308-2

Z会
グレードアップ
問題集 改訂版

小学**6**年

算数
計算・図形

解答・解説

解答・解説の使い方

ポイント①
答え では，正解を示しています。

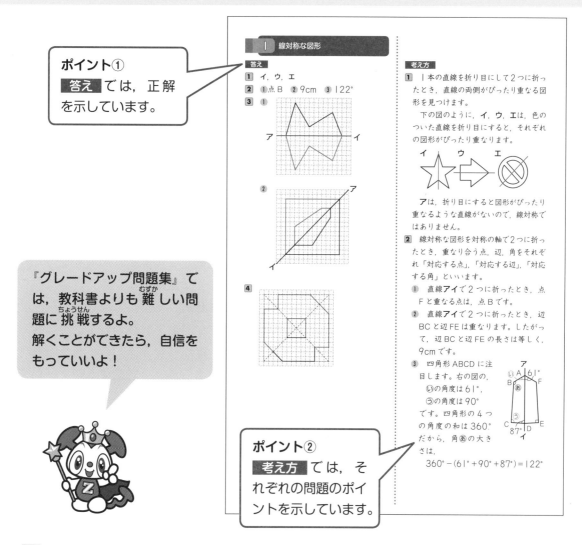

『グレードアップ問題集』では，教科書よりも難しい問題に挑戦するよ。
解くことができたら，自信をもっていいよ！

ポイント②
考え方 では，それぞれの問題のポイントを示しています。

1 自分の解答と 答え をつき合わせて，答え合わせをしましょう。

2 答え合わせが終わったら，問題の配点にしたがって点数をつけ，得点らんに記入しましょう。

3 まちがえた問題は， 考え方 を読んで復習しましょう。

保護者の方へ

　この冊子では，**問題の答え**と，**各回の学習ポイント**などを掲載しています。お子さま自身で答え合わせができる構成になっておりますが，お子さまがとまどっているときは，取り組みをサポートしてあげてください。

1 線対称な図形

答え

1 イ，ウ，エ

2 ① 点B ② 9cm ③ 122°

3 ①

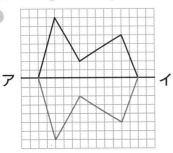

②

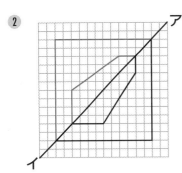

4

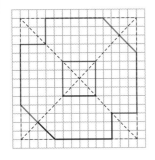

考え方

1 1本の直線を折り目にして2つに折ったとき，直線の両側がぴったり重なる図形を見つけます。

下の図のように，**イ，ウ，エ**は，色のついた直線を折り目にすると，それぞれの図形がぴったり重なります。

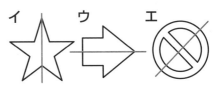

アは，折り目にすると図形がぴったり重なるような直線がないので，線対称ではありません。

2 線対称な図形を対称の軸で2つに折ったとき，重なり合う点，辺，角をそれぞれ「対応する点」，「対応する辺」，「対応する角」といいます。

① 直線**アイ**で2つに折ったとき，点Fと重なる点は，点Bです。

② 直線**アイ**で2つに折ったとき，辺BCと辺FEは重なります。したがって，辺BCと辺FEの長さは等しく，9cmです。

③ 四角形ABCDに注目します。右の図の，⊙の角度は61°，⊙の角度は90°です。四角形の4つの角度の和は360°だから，角⊛の大きさは，

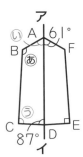

360°−(61°+90°+87°)＝122°

2

3 まず，それぞれの頂点^{ちょうてん}から対称の軸に垂直^{すいちょく}な直線を引きます。次に，対称の軸からの長さが等しくなるように，それぞれの頂点に対応する点をとります。そのあと，点を直線でつなぎます。

①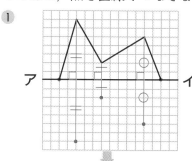

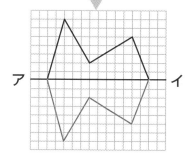

②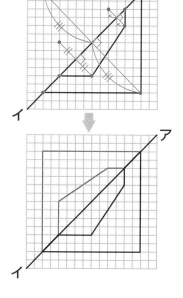

4 開いたあとの図形は，折り目を対称の軸とした線対称な図形になることに注目します。

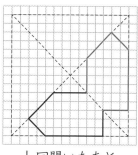

１回開いたあと

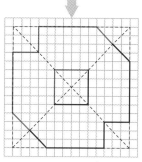

２回開いたあと

3

答え

1 イ，ウ

2 ❶点G ❷3.5cm ❸1.5cm

3 ❶

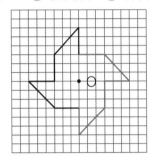

❷

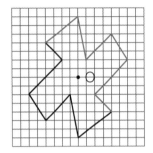

4 7.5cm

考え方

1 対称の中心のまわりに180°回転させると，もとの図形にぴったり重なる図形を見つけます。

下の図のように，**イ，ウ**は，点Oを対称の中心にすると，ぴったり重なります。

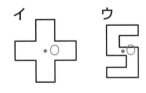

ア，エは，回転させてぴったり重なるような対称の中心がないので，点対称ではありません。

2 点対称な図形を対称の中心のまわりに180°回転させたときに重なり合う点，辺，角をそれぞれ「対応する点」，「対応する辺」，「対応する角」といいます。

❶，❷

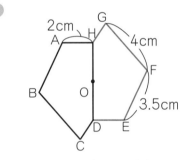

点Cに対応する点は点Gです。

また，辺ABに対応する辺は辺EFだから，辺ABの長さは3.5cmです。

❸

上の図のように，対応する点どうしで線をつなぎ，この図形を2つに分けると，分けられた2つの図形は合同です。だから，色のついた直線の長さの和は，点対称な図形のまわりの長さの半分で，22 ÷ 2 = 11（cm）

また，辺DEと対応する辺は辺HAだから，辺DEの長さは2cmです。以上より，辺GHの長さは，

11 − (2 + 3.5 + 4) = 1.5（cm）

3 まず，それぞれの頂点から対称の中心を通る直線を引きます。次に，対称の中心からの長さが等しくなるように，それぞれ頂点に対応する点をとります。そのあと，点を直線でつなぎます。

①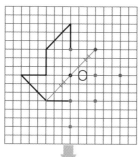

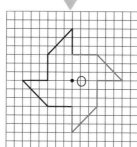

②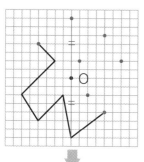

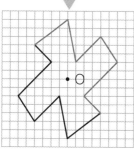

4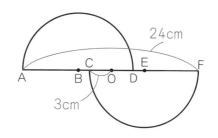

　この図形は，点 O を対称の中心とした点対称な図形だから，

・直線 CO と直線 DO
・直線 AO と直線 FO

はそれぞれ対応しています。したがって，直線 DO の長さは直線 CO と等しく 3cm です。また，直線 AO の長さは直線 FO と等しいので，

24 ÷ 2 ＝ 12 （cm）

です。以上より，直線 AD の長さは，

3 ＋ 12 ＝ 15 （cm）

直線 AD は円の直径だから，円の半径 AB の長さは，

15 ÷ 2 ＝ 7.5 （cm）

3 文字を使った式 ①

答え

1 ① $x \div 12$ ② $x \times 3$ ③ $x \times 6 + 250$

2 ① $1000 - x \times 7$ ② 160円

3 ① $(x + 8) \times 6 \div 2$ ② $39cm^2$

4 ① ⓘ ② ⓤ ③ ⓐ

考え方

1① 1ふくろ分の米の重さを求める式を，言葉の式で表すと，

　　米の重さ÷ふくろの数

　米の重さは x kg，ふくろの数は12ふくろだから，1ふくろ分の米の重さを求める式は，$x \div 12$

② 正三角形のまわりの長さを求める式を，言葉の式で表すと，

　　1辺の長さ×3

　1辺の長さは x cm だから，まわりの長さを求める式は，$x \times 3$

③ 代金を求める式を，言葉の式で表すと，

　　シュークリーム6個の値段

　　　　　　　＋ケーキ1個の値段

　シュークリーム1個の値段は x 円だから，6個では，$(x \times 6)$ 円

　ケーキ1個の値段は，250円

　したがって，代金を求める式は，

　　$x \times 6 + 250$

2① おつりを求める式を，言葉の式で表すと，

　　はらった金額－ノート7冊の値段

　はらった金額は1000円，ノートは1冊 x 円だから，7冊では，

　　$(x \times 7)$ 円

　したがって，おつりを求める式は，

　　$1000 - x \times 7$

② ①で求めた式の x に120をあてはめると，おつりが求められます。

　　$1000 - x \times 7$

　$= 1000 - 120 \times 7$

　$= 1000 - 840$

　$= 160$ （円）

3① 台形の面積を求める式を，言葉の式で表すと，

　　(上底＋下底)×高さ÷2

　上底は x cm，下底は8cm，高さが6cmだから，台形の面積を求める式は，

　　$(x + 8) \times 6 \div 2$

② ①で求めた式の x に5をあてはめると，台形の面積が求められます。

　　$(5 + 8) \times 6 \div 2$

　$= 13 \times 6 \div 2$

　$= 39$ （cm^2）

4 ⓐの場面で，人数を求める式を言葉の式で表すと，

　　1列の人数×列の数

　したがって，人数を求める式は，$48 \times x$

　ⓘの場面で，残ったあめの個数を求める式を言葉の式で表すと，

　　全部のあめの個数

　　　　　　　－配ったあめの個数

　x 人に2個ずつ配っているので，配ったあめの個数は，$(2 \times x)$ 個

　したがって，残ったあめの個数を求める式は，$48 - 2 \times x$

　ⓤの場面で，平行四辺形の底辺の長さを求める式を言葉の式で表すと，

　　面積÷高さ

　したがって，平行四辺形の底辺の長さを求める式は，$48 \div x$

　以上より，①はⓘ，②はⓤ，③はⓐです。

4 文字を使った式 ②

答え

1 ❶ 47 ❷ 61 ❸ 25 ❹ 75

2 ❶ 29 ❷ 15

3 ❶ $x \times 19 + 11$ ❷ 27

4 ❶ $x \times 8 - 4$ ❷ 13個

考え方

1 ❶ $56 + x = 103$ で x にあてはまる数を求めます。x に 56 をたすと 103 になるから，x は 103 から 56 をひけば求められます。

$$56 + x = 103$$
$$x = 103 - 56$$
$$x = 47$$

❷ $x - 34 = 27$ で x にあてはまる数を求めます。x から 34 をひくと 27 になるから，x は 27 に 34 をたせば求められます。

$$x - 34 = 27$$
$$x = 27 + 34$$
$$x = 61$$

❸ $x \times 2.8 = 70$ で x にあてはまる数を求めます。x に 2.8 をかけると 70 になるから，x は 70 を 2.8 でわれば求められます。

$$x \times 2.8 = 70$$
$$x = 70 \div 2.8$$
$$x = 25$$

❹ $x \div 6 = 12.5$ で x にあてはまる数を求めます。x を 6 でわると 12.5 になるから，x は 12.5 に 6 をかければ求められます。

$$x \div 6 = 12.5$$
$$x = 12.5 \times 6$$
$$x = 75$$

2 ❶ 先に計算する $x - 6$ をひとまとまりと考えます。

$$(x - 6) \times 9 = 207$$
$$x - 6 = 207 \div 9$$
$$x - 6 = 23$$
$$x = 23 + 6$$
$$x = 29$$

❷ 先に計算する $30 \times x$ をひとまとまりと考えます。

$$30 \times x \div 6 = 75$$
$$30 \times x = 75 \times 6$$
$$30 \times x = 450$$
$$x = 450 \div 30$$
$$x = 15$$

3 ❶ わる数×商＋あまり＝わられる数
わる数が x，商が 19，あまりが 11 で，わられる数が 524 だから，

$$x \times 19 + 11 = 524$$

❷ x にあてはまる数を求めると，

$$x \times 19 + 11 = 524$$
$$x \times 19 = 524 - 11$$
$$x \times 19 = 513$$
$$x = 513 \div 19$$
$$x = 27$$

4 ❶ x 個ずつ 8 人に分けたときの個数は，
$(x \times 8)$ 個
クッキーは 4 個足りなかったので，

$$x \times 8 - 4 = 100$$

❷ x にあてはまる数を求めると，

$$x \times 8 - 4 = 100$$
$$x \times 8 = 100 + 4$$
$$x \times 8 = 104$$
$$x = 104 \div 8$$
$$x = 13$$

答え

1 ① $\dfrac{10}{7}$ $\left(=1\dfrac{3}{7}\right)$ ② $\dfrac{42}{5}$ $\left(=8\dfrac{2}{5}\right)$

③ $\dfrac{10}{3}$ $\left(=3\dfrac{1}{3}\right)$ ④ $\dfrac{4}{35}$

⑤ $\dfrac{2}{7}$ ⑥ $\dfrac{5}{8}$

2 ① $\dfrac{9}{5}$ $\left(=1\dfrac{4}{5}\right)$ ② $\dfrac{3}{76}$

3 ① $\dfrac{7}{26}$ ② $\dfrac{17}{15}$ $\left(=1\dfrac{2}{15}\right)$

考え方

1 分数×整数… $\dfrac{△}{○}×□=\dfrac{△×□}{○}$

  分数÷整数… $\dfrac{△}{○}÷□=\dfrac{△}{○×□}$

の計算を確認しましょう。また，約分できるときは，計算の途中で約分してから計算すると，簡単になります。

① $\dfrac{2}{7}×5=\dfrac{2×5}{7}=\dfrac{10}{7}$

② $\dfrac{7}{15}×18=\dfrac{7×\overset{6}{\cancel{18}}}{\underset{5}{\cancel{15}}}=\dfrac{42}{5}$

③ $\dfrac{5}{12}×8=\dfrac{5×\overset{2}{\cancel{8}}}{\underset{3}{\cancel{12}}}=\dfrac{10}{3}$

④ $\dfrac{4}{5}÷7=\dfrac{4}{5×7}=\dfrac{4}{35}$

⑤ $\dfrac{8}{7}÷4=\dfrac{\overset{2}{\cancel{8}}}{7×\underset{1}{\cancel{4}}}=\dfrac{2}{7}$

⑥ $\dfrac{15}{4}÷6=\dfrac{\overset{5}{\cancel{15}}}{4×\underset{2}{\cancel{6}}}=\dfrac{5}{8}$

2 左から順番に計算していきます。帯分数をふくんでいる場合は，仮分数になおしてから計算するようにしましょう。

① $3\dfrac{3}{5}×3÷6=\dfrac{18}{5}×3÷6$

  $=\dfrac{18×3}{5}÷6=\dfrac{\overset{3}{\cancel{18}}×3}{5×\underset{1}{\cancel{6}}}=\dfrac{9}{5}$

② $\dfrac{12}{19}÷2÷8=\dfrac{12}{19×2}÷8$

  $=\dfrac{\overset{3}{\cancel{12}}}{19×2×\underset{2}{\cancel{8}}}=\dfrac{3}{76}$

3 かけ算・わり算から先に計算します。

① $2\dfrac{6}{13}÷2-\dfrac{25}{26}$

  $=\underline{\dfrac{32}{13}÷2}-\dfrac{25}{26}$

  $=\dfrac{32}{26}-\dfrac{25}{26}=\dfrac{7}{26}$

② $\dfrac{5}{9}+\underline{\dfrac{1}{6}×4}-\underline{\dfrac{8}{15}÷6}$

  $=\dfrac{5}{9}+\dfrac{\overset{2}{\cancel{4}}}{\underset{3}{\cancel{6}}}-\dfrac{\overset{4}{\cancel{8}}}{15×\underset{3}{\cancel{6}}}$

  $=\dfrac{25}{45}+\dfrac{30}{45}-\dfrac{4}{45}=\dfrac{\overset{17}{\cancel{51}}}{\underset{15}{\cancel{45}}}=\dfrac{17}{15}$

6 分数のかけ算 ①

答え

1. ① $\dfrac{27}{4}\left(=6\dfrac{3}{4}\right)$ ② $\dfrac{4}{21}$

  ③ $\dfrac{1}{10}$ ④ $\dfrac{20}{3}\left(=6\dfrac{2}{3}\right)$

  ⑤ $\dfrac{9}{7}\left(=1\dfrac{2}{7}\right)$ ⑥ $\dfrac{56}{5}\left(=11\dfrac{1}{5}\right)$

2. ① ＞ ② ＜ ③ ＞ ④ ＜

3. ① 192円 ② $\dfrac{35}{4}\left(=8\dfrac{3}{4}\right)$ kg

考え方

1. ① （分数）×（整数）の計算では，分母はそのままにして分子に整数をかけます。

$$\frac{3}{4} \times 9 = \frac{3 \times 9}{4} = \frac{27}{4}$$

②，③ （分数）×（分数）の計算では，分母どうし，分子どうしをそれぞれかけます。

$$\frac{4}{9} \times \frac{3}{7} = \frac{4 \times \overset{1}{\cancel{3}}}{\underset{3}{\cancel{9}} \times 7} = \frac{4}{21}$$

$$\frac{3}{8} \times \frac{4}{15} = \frac{3 \times \overset{1}{\cancel{4}}}{\underset{2}{\cancel{8}} \times \underset{5}{\cancel{15}}} = \frac{1}{10}$$

④ 12 を $\dfrac{12}{1}$ になおして計算します。

$$12 \times \frac{5}{9} = \frac{12}{1} \times \frac{5}{9} = \frac{\overset{4}{\cancel{12}} \times 5}{1 \times \underset{3}{\cancel{9}}} = \frac{20}{3}$$

⑤，⑥ 帯分数の混じった計算では，帯分数を仮分数になおして計算します。

$$\frac{3}{4} \times 1\frac{5}{7} = \frac{3}{4} \times \frac{12}{7} = \frac{3 \times \overset{3}{\cancel{12}}}{\underset{1}{\cancel{4}} \times 7} = \frac{9}{7}$$

$$2\frac{2}{3} \times 4\frac{1}{5} = \frac{8}{3} \times \frac{21}{5} = \frac{8 \times \overset{7}{\cancel{21}}}{\underset{1}{\cancel{3}} \times 5}$$

$$= \frac{56}{5}$$

2. 積とかけられる数の大きさの関係は，次のようになります。

・かける数が 1 より大きいとき
→積は，かけられる数より大きくなる。
・かける数が 1 のとき
→積は，かけられる数と等しい。
・かける数が 1 より小さいとき
→積は，かけられる数より小さくなる。

この関係に注目して，積とかけられる数の大小を調べましょう。

① 1.09 ＞ 1 だから，
$$\frac{7}{8} \times 1.09 > \frac{7}{8}$$

② $\dfrac{6}{7}$＜1 だから，$\dfrac{7}{8} \times \dfrac{6}{7} < \dfrac{7}{8}$

③ $1\dfrac{1}{6}$＞1 だから，$\dfrac{7}{8} \times 1\dfrac{1}{6} > \dfrac{7}{8}$

④ $\dfrac{7}{8}$＜1 だから，$\dfrac{7}{8} \times \dfrac{7}{8} < \dfrac{7}{8}$

3. ① リボンの代金は，
1m あたりの値段×長さ
で求められます。

$$120 \times 1\frac{3}{5} = \frac{120}{1} \times \frac{8}{5}$$

$$= \frac{\overset{24}{\cancel{120}} \times 8}{1 \times \cancel{5}} = 192 \text{（円）}$$

② この鉄の棒の重さは，
1m あたりの重さ×長さ
で求められます。

$$3\frac{3}{4} \times 2\frac{1}{3} = \frac{15}{4} \times \frac{7}{3}$$

$$= \frac{\overset{5}{\cancel{15}} \times 7}{4 \times \underset{1}{\cancel{3}}} = \frac{35}{4} \text{（kg）}$$

答え

1 ① $\dfrac{21}{64}$ ② $\dfrac{33}{28}\left(=1\dfrac{5}{28}\right)$

③ $\dfrac{40}{3}\left(=13\dfrac{1}{3}\right)$

④ $\dfrac{81}{7}\left(=11\dfrac{4}{7}\right)$ ⑤ 20

⑥ $\dfrac{19}{18}\left(=1\dfrac{1}{18}\right)$

2 ① $\dfrac{512}{27}\left(=18\dfrac{26}{27}\right)\text{cm}^3$

② $\dfrac{13}{4}\left(=3\dfrac{1}{4}\right)\text{m}^3$

3 $\dfrac{14}{5}\left(=2\dfrac{4}{5}\right)\text{dL}$

考え方

1 ① 3つの分数のかけ算でも，分母どうし，分子どうしをそれぞれかけます。

$$\frac{7}{8}\times\frac{1}{2}\times\frac{3}{4}=\frac{7\times1\times3}{8\times2\times4}=\frac{21}{64}$$

② $1\dfrac{2}{9}\times\dfrac{3}{7}\times2\dfrac{1}{4}=\dfrac{11}{9}\times\dfrac{3}{7}\times\dfrac{9}{4}$

$$=\frac{11\times3\times9}{9\times7\times4}=\frac{33}{28}$$

③ $\dfrac{5}{6}\times2\dfrac{2}{5}\times6\dfrac{2}{3}=\dfrac{5}{6}\times\dfrac{12}{5}\times\dfrac{20}{3}$

$$=\frac{5\times12\times20}{6\times5\times3}=\frac{40}{3}$$

④～⑥ 分数，整数，小数の混じった計算では，すべての数を分数にそろえて計算します。

$$\frac{5}{7}\times18\times\frac{9}{10}=\frac{5}{7}\times\frac{18}{1}\times\frac{9}{10}$$

$$=\frac{5\times18\times9}{7\times1\times10}=\frac{81}{7}$$

$$27\times\frac{10}{21}\times1\frac{5}{9}=\frac{27}{1}\times\frac{10}{21}\times\frac{14}{9}$$

$$=\frac{27\times10\times14}{1\times21\times9}=20$$

$$2\frac{2}{3}\times0.125\times3\frac{1}{6}=\frac{8}{3}\times\frac{1}{8}\times\frac{19}{6}$$

$$=\frac{8\times1\times19}{3\times8\times6}=\frac{19}{18}$$

2 ① 立方体の体積＝1辺×1辺×1辺 で求められます。

$$2\frac{2}{3}\times2\frac{2}{3}\times2\frac{2}{3}=\frac{8\times8\times8}{3\times3\times3}$$

$$=\frac{512}{27}\ (\text{cm}^3)$$

② 直方体の体積＝縦×横×高さ で求められます。

$$\frac{3}{4}\times3\times1\frac{4}{9}=\frac{3}{4}\times\frac{3}{1}\times\frac{13}{9}$$

$$=\frac{3\times3\times13}{4\times1\times9}=\frac{13}{4}\ (\text{m}^3)$$

3 必要なペンキの量は，

1m² のかべをぬるペンキの量×面積

で求められます。

1m² のかべをぬるペンキの量は $\dfrac{2}{3}$dL，かべの面積は $\left(1.5\times2\dfrac{4}{5}\right)$m² だから，必要なペンキの量は，

$$\frac{2}{3}\times\left(1.5\times2\frac{4}{5}\right)=\frac{2}{3}\times\frac{3}{2}\times\frac{14}{5}$$

$$=\frac{2\times3\times14}{3\times2\times5}=\frac{14}{5}\ (\text{dL})$$

8 分数のわり算 ①

1 ① $\dfrac{3}{49}$ ② $\dfrac{16}{45}$

③ $\dfrac{3}{2}\left(=1\dfrac{1}{2}\right)$ ④ 72

⑤ $\dfrac{3}{4}$ ⑥ $\dfrac{9}{4}\left(=2\dfrac{1}{4}\right)$

2 ① $>$ ② $<$ ③ $<$ ④ $>$

3 ① 6 日 ② $\dfrac{7}{2}\left(=3\dfrac{1}{2}\right)$ g

考え方

1 ① $\dfrac{6}{7}\div14=\dfrac{\overset{3}{\cancel{6}}}{7\times\underset{7}{\cancel{14}}}=\dfrac{3}{49}$

② , ③ （分数）÷（分数）の計算では，わられる数にわる数の逆数をかけます。

$\dfrac{2}{9}\div\dfrac{5}{8}=\dfrac{2}{9}\times\dfrac{8}{5}=\dfrac{2\times8}{9\times5}=\dfrac{16}{45}$

$\dfrac{9}{10}\div\dfrac{3}{5}=\dfrac{9}{10}\times\dfrac{5}{3}=\dfrac{\overset{3}{\cancel{9}}\times\overset{1}{\cancel{5}}}{\underset{2}{\cancel{10}}\times\underset{1}{\cancel{3}}}=\dfrac{3}{2}$

④ , ⑤ 整数，分数，小数の混じった計算では，すべての数を分数にそろえて計算します。

$27\div\dfrac{3}{8}=\dfrac{27}{1}\div\dfrac{3}{8}=\dfrac{27\times8}{1\times\cancel{3}}\overset{9}{}=72$

$\dfrac{15}{16}\div1.25=\dfrac{15}{16}\div\dfrac{5}{4}$

$=\dfrac{\overset{3}{\cancel{15}}\times\overset{1}{\cancel{4}}}{\underset{4}{\cancel{16}}\times\underset{1}{\cancel{5}}}=\dfrac{3}{4}$

⑥ 帯分数の混じった計算では，帯分数を仮分数になおして計算します。

$4\dfrac{1}{8}\div1\dfrac{5}{6}=\dfrac{33}{8}\div\dfrac{11}{6}$

$=\dfrac{\overset{3}{\cancel{33}}\times\overset{3}{\cancel{6}}}{\underset{4}{\cancel{8}}\times\underset{1}{\cancel{11}}}=\dfrac{9}{4}$

2 商とわられる数の大きさの関係は，次のようになります。

・わる数が 1 より大きいとき
→商は，わられる数より小さくなる
・わる数が 1 のとき
→商は，わられる数と等しくなる
・わる数が 1 より小さいとき
→商は，わられる数より大きくなる

この関係に注目して，商とわられる数の大小を調べましょう。

① $\dfrac{4}{5}<1$ だから，$2\dfrac{3}{4}\div\dfrac{4}{5}>2\dfrac{3}{4}$

② $\dfrac{8}{7}>1$ だから，$2\dfrac{3}{4}\div\dfrac{8}{7}<2\dfrac{3}{4}$

③ $1\dfrac{1}{12}>1$ だから，

$2\dfrac{3}{4}\div1\dfrac{1}{12}<2\dfrac{3}{4}$

④ $0.87<1$ だから，

$2\dfrac{3}{4}\div0.87>2\dfrac{3}{4}$

3 ① 飲み終わるのにかかる日数は，
牛乳全部の量÷1日に飲む量
で求められるから，

$1\dfrac{1}{3}\div\dfrac{2}{9}=\dfrac{4}{3}\times\dfrac{9}{2}=\dfrac{\overset{2}{\cancel{4}}\times\overset{3}{\cancel{9}}}{\underset{1}{\cancel{3}}\times\underset{1}{\cancel{2}}}$

$=6$（日）

② この針金 1m あたりの重さは，
針金の重さ÷長さ
で求められるから，

$8\dfrac{3}{4}\div2.5=\dfrac{35}{4}\div\dfrac{5}{2}$

$=\dfrac{\overset{7}{\cancel{35}}\times\overset{1}{\cancel{2}}}{\underset{2}{\cancel{4}}\times\underset{1}{\cancel{5}}}=\dfrac{7}{2}$（g）

答え

1 ① $\dfrac{45}{14}\left(=3\dfrac{3}{14}\right)$ ② $\dfrac{5}{4}\left(=1\dfrac{1}{4}\right)$

③ $\dfrac{24}{7}\left(=3\dfrac{3}{7}\right)$ ④ $\dfrac{16}{7}\left(=2\dfrac{2}{7}\right)$

⑤ $\dfrac{40}{27}\left(=1\dfrac{13}{27}\right)$ ⑥ $\dfrac{21}{11}\left(=1\dfrac{10}{11}\right)$

2 $\dfrac{16}{5}\left(=3\dfrac{1}{5}\right)$

3 ① $\dfrac{24}{5}\left(=4\dfrac{4}{5}\right)$ ② 16

考え方

1 ① 3つの分数のわり算でも，わる数を逆数にして，すべてかけ算になおして計算します。

$$\dfrac{4}{7}\div\dfrac{2}{5}\div\dfrac{4}{9}=\dfrac{4\times5\times9}{7\times2\times4}=\dfrac{45}{14}$$

② かけ算とわり算の混じった計算では，かけ算だけの式にして計算します。

$$\dfrac{5}{11}\div\dfrac{2}{3}\times1\dfrac{5}{6}=\dfrac{5\times3\times11}{11\times2\times6}=\dfrac{5}{4}$$

③ $12\times\dfrac{3}{4}\div2\dfrac{5}{8}=\dfrac{12}{1}\times\dfrac{3}{4}\div\dfrac{21}{8}$

$$=\dfrac{12\times3\times8}{1\times4\times21}=\dfrac{24}{7}$$

④ $4\div\dfrac{5}{12}\div4\dfrac{1}{5}=\dfrac{4}{1}\div\dfrac{5}{12}\div\dfrac{21}{5}$

$$=\dfrac{4\times12\times5}{1\times5\times21}=\dfrac{16}{7}$$

⑤ $2.8\times3\dfrac{1}{3}\div6.3$

$$=\dfrac{28}{10}\times3\dfrac{1}{3}\div\dfrac{63}{10}=\dfrac{14}{5}\times\dfrac{10}{3}\times\dfrac{10}{63}$$

$$=\dfrac{14\times10\times10}{5\times3\times63}=\dfrac{40}{27}$$

⑥ $\dfrac{3}{7}\div2\dfrac{5}{14}\times10.5$

$$=\dfrac{3}{7}\div\dfrac{33}{14}\times\dfrac{105}{10}=\dfrac{3}{7}\div\dfrac{33}{14}\times\dfrac{21}{2}$$

$$=\dfrac{3\times14\times21}{7\times33\times2}=\dfrac{21}{11}$$

2 底辺 × 高さ ÷ 2 = 三角形の面積

だから，$4\dfrac{3}{4}$ cm の辺を底辺とすると，

高さは□ cm なので，

$$4\dfrac{3}{4}\times□\div2=7\dfrac{3}{5}$$

$4\dfrac{3}{4}\times□=7\dfrac{3}{5}\times2$ だから，□は，

$$7\dfrac{3}{5}\times2\div4\dfrac{3}{4}=\dfrac{38}{5}\times\dfrac{2}{1}\div\dfrac{19}{4}$$

$$=\dfrac{38\times2\times4}{5\times1\times19}=\dfrac{16}{5}$$

3 ① ある数を□とすると，

$$□\times0.65\div2\dfrac{1}{6}=1\dfrac{11}{25}$$

$□\times0.65=1\dfrac{11}{25}\times2\dfrac{1}{6}$ だから，□は，

$$1\dfrac{11}{25}\times2\dfrac{1}{6}\div0.65$$

$$=\dfrac{36}{25}\times\dfrac{13}{6}\div\dfrac{13}{20}$$

$$=\dfrac{36\times13\times20}{25\times6\times13}=\dfrac{24}{5}$$

② ある数は $\dfrac{24}{5}$ だから，正しい答えは，

$$\dfrac{24}{5}\times2\dfrac{1}{6}\div0.65=\dfrac{24}{5}\times\dfrac{13}{6}\div\dfrac{13}{20}$$

$$=\dfrac{24\times13\times20}{5\times6\times13}=16$$

10 2つの文字

答え

1 ① $x \times 2 + y = 540$

② $(x + 300) \div 8 = y$

③ $x \times x = y$

2 3

3 ① $x \times 54 = 125 + y$ ② 91 ③ 7

考え方

1 問題文のようすを言葉の式で表して考えます。

① あんぱん2つの値段
　　　　　　＋牛乳1本の値段＝代金

あんぱんの値段は x 円だから，2つでは，$(x \times 2)$ 円

牛乳の値段は y 円，代金は 540 円だから，求める式は，

$x \times 2 + y = 540$

② りんごジュースの量÷人数
＝1人分のジュースの量

300mL 入れたあとのりんごジュースの量は，$(x + 300)$mL です。人数は8人，1人分のジュースの量は ymL だから，求める式は，

$(x + 300) \div 8 = y$

③ 1辺×1辺＝正方形の面積

1辺の長さが x cm，面積が y cm^2 だから，求める式は，$x \times x = y$

2 $2 \times (x - 9) = 16 \div (1 + y)$

の x に 11 をあてはめると，

$2 \times (11 - 9) = 16 \div (1 + y)$

つまり，

$16 \div (1 + y) = 4$

$1 + y$ をひとまとまりと考えます。

$16 = 4 \times (1 + y)$

$1 + y = 16 \div 4$

$1 + y = 4$

$y = 4 - 1$

$y = 3$

3 ① 直方体 A の体積は，

$x \times 9 \times 6 = x \times 54$（cm^3）

立方体 B の体積は，

$5 \times 5 \times 5 = 125$（cm^3）

直方体 A の体積は，立方体 B の体積より y cm^3 大きいから，

$x \times 54 = 125 + y$

〔別解〕

立方体 B の体積は，直方体 A の体積より y cm^3 小さいと考えて，

$x \times 54 - y = 125$

と答えていても正解です。

② $x \times 54 = 125 + y$

の x に 4 をあてはめると，

$4 \times 54 = 125 + y$

$216 = 125 + y$

$y = 216 - 125$

$y = 91$

③ $x \times 54 = 125 + y$

の y に 253 をあてはめると，

$x \times 54 = 125 + 253$

$x \times 54 = 378$

$x = 378 \div 54$

$x = 7$

11 円の面積 ①

1 ❶ 153.86cm² ❷ 113.04cm²

2 ❶ 84.78cm² ❷ 14.13cm²

3 ❶ 178.5cm² ❷ 150.72cm²

4 706.5cm²

考え方

1 円の面積＝半径×半径×円周率
で求めることができます。

❶ 半径は7cmだから，面積は，

7×7×3.14＝153.86（cm²）

❷ 半径は，12÷2＝6（cm）だから，
面積は，

6×6×3.14＝113.04（cm²）

2 ❶ 360÷120＝3より，この図形
を3つ集めると円になるので，面積は，

9×9×3.14÷3＝84.78（cm²）

❷ 360÷45＝8より，この図形を
8つ集めると円になるので，面積は，

6×6×3.14÷8＝14.13（cm²）

3 ❶

上の図のように，図形を⑤，⑥，⑦
に分けて考えます。

⑤は，1辺の長さが10cmの正方
形だから，その面積は，

10×10＝100（cm²）

⑥，⑦の面積の合計は，
右のように考えると，
半径が，

10÷2＝5（cm）
の円の面積と等しくな
るから，

5×5×3.14＝78.5（cm²）

以上より，求める面積は，

100＋78.5＝178.5（cm²）

❷

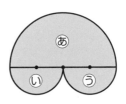

上の図のように，図形を⑤，⑥，⑦
に分けて考えます。

⑤は，半径が，16÷2＝8（cm）
の円の半分だから，面積は，

8×8×3.14÷2＝100.48（cm²）

⑥，⑦の面積の合計は，
右のように考えると，
半径が，

16÷4＝4（cm）
の円の面積と等しくな
るから，

4×4×3.14
＝50.24（cm²）

以上より，求める面積は，

100.48＋50.24＝150.72（cm²）

4 円周＝直径×円周率より，

直径＝円周÷円周率

したがって，この円の直径は，

94.2÷3.14＝30（cm）

半径は，30÷2＝15（cm）だから，
この円の面積は，

15×15×3.14＝706.5（cm²）

12 円の面積 ②

答え

1 863.5cm^2

2 ① 55.86cm^2 ② 57cm^2

3 ① 226.08cm^2 ② 114cm^2

4 36.96cm^2

考え方

1 半径18cmの円の面積は，

$18 \times 18 \times 3.14 = 1017.36 (\text{cm}^2)$

半径7cmの円の面積は，

$7 \times 7 \times 3.14 = 153.86 (\text{cm}^2)$

したがって，求める面積は，

$1017.36 - 153.86$

$= 863.5 (\text{cm}^2)$

〔別解〕

大きい円と小さい円の面積をそれぞれ求めなくても，次のように計算をくふうすることで色がついた部分の面積を求めることができます。

$18 \times 18 \times 3.14 - 7 \times 7 \times 3.14$

$= (18 \times 18 - 7 \times 7) \times 3.14$

$= 275 \times 3.14 = 863.5 (\text{cm}^2)$

2 ① $-$ $=$

上の図のように，円を4等分したうちの1つ分の面積から，直角二等辺三角形の面積をひいて求めます。

半径14cmの円を4等分すると，

$14 \times 14 \times 3.14 \div 4$

$= 153.86 (\text{cm}^2)$

直角二等辺三角形の面積は，

$14 \times 14 \div 2 = 98 (\text{cm}^2)$

したがって，求める面積は，

$153.86 - 98 = 55.86 (\text{cm}^2)$

② 右のように，あ，いに分けて考えます。あの部分の面積は，①と同じように考えると，

$10 \times 10 \times 3.14 \div 4 - 10 \times 10 \div 2$

$= 78.5 - 50 = 28.5 (\text{cm}^2)$

いの面積は，あの面積と等しく，28.5cm^2だから，求める面積は，

$28.5 + 28.5 = 57 (\text{cm}^2)$

3 ① $-$ $=$

上の図のように，大きい円の面積から小さい円の面積2つ分をひいて求めます。

大きい円の半径は，

$24 \div 2 = 12 (\text{cm})$

だから，面積は，

$12 \times 12 \times 3.14 = 452.16 (\text{cm}^2)$

小さい円の半径は，

$24 \div 4 = 6 (\text{cm})$

だから，2つ分の面積は，

$6 \times 6 \times 3.14 \times 2 = 226.08 (\text{cm}^2)$

以上より，求める面積は，

$452.16 - 226.08$

$= 226.08 (\text{cm}^2)$

〔別解〕

大きい円の面積から小さい円の面積2つ分をひく計算は，1の〔別解〕と同じようにくふうすることができます。

$12 \times 12 \times 3.14$

$\qquad - 6 \times 6 \times 3.14 \times 2$

$= 12 \times 12 \times 3.14 - 6 \times 12 \times 3.14$

$= (12 - 6) \times 12 \times 3.14$

$= 6 \times 12 \times 3.14$

$= 226.08 (\text{cm}^2)$

2

上の図のように，円を4等分したうちの1つ分の面積から正方形の面積をひいて求めます。

円を4等分したうちの1つ分の面積は，

20 × 20 × 3.14 ÷ 4

= 314 （cm²）

右の補助線 BD の長さは，円の半径と等しいので，20cm です。正方

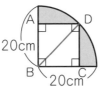

形 ABCD は，2本の対角線の長さが 20cm のひし形と考えることができるので，その面積は，

20 × 20 ÷ 2 = 200 （cm²）

以上より，求める面積は，

314 − 200 = 114 （cm²）

4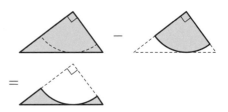

上の図のように直角三角形の面積から円の一部の面積をひいて求めます。

直角三角形の面積は，

15 × 20 ÷ 2 = 150 （cm²）

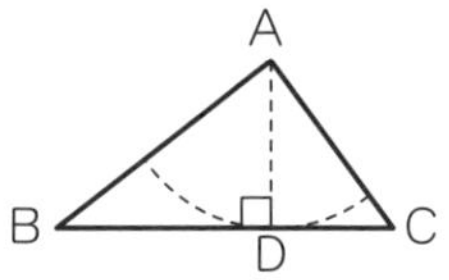

右の図の直線 AD は，辺 BC を底辺としたときの高さだから，直線 AD の長さを□cm とすると，

25 × □ ÷ 2 = 150

となります。したがって，

25 × □ = 150 × 2

25 × □ = 300

□ = 300 ÷ 25

□ = 12

直線 AD は，円の半径にあたるから，直角三角形の中に入っている円の一部の面積は，

12 × 12 × 3.14 ÷ 4

= 113.04 （cm²）

以上より，求める面積は，

150 − 113.04 = 36.96 （cm²）

答え

1 ① 105cm³   ② 240m³
   ③ 11.2cm³   ④ 850.5cm³
2 ① 254.34cm³   ② 6280cm³
3 2640cm³

考え方

1 角柱の体積は，底面積×高さで求める
ことができます。

① 底面積が，3 × 5 = 15（cm²）だ
から，求める体積は，
15 × 7 = 105（cm³）

② 底面積が，
5 × 12 ÷ 2 = 30（m²）
だから，求める体積は，
30 × 8 = 240（m³）

③ 底面は，上底3cm，下底2cm，高
さ1.6cmの台形なので，底面積は，
(3 + 2) × 1.6 ÷ 2 = 4（cm²）
したがって，求める体積は，
4 × 2.8 = 11.2（cm³）

④ 底面は2本の対角線の長さが6cm，
13.5cmのひし形なので，底面積は，
6 × 13.5 ÷ 2 = 40.5（cm²）
したがって，求める体積は，
40.5 × 21 = 850.5（cm³）

2 円柱の体積は，角柱の体積と同じよう
に，底面積×高さで求めることができま
す。

① 底面の円の半径は，
6 ÷ 2 = 3（cm）
だから，面積は，
3 × 3 × 3.14 = 28.26（cm²）
したがって，求める体積は，
28.26 × 9 = 254.34（cm³）

② 底面は半径10cmの円の半分なの
で，その面積は，
10 × 10 × 3.14 ÷ 2 = 157（cm²）
したがって，求める体積は，
157 × 40 = 6280（cm³）

3 底面が五角形，高さが12cmの五角
柱とみることができます。

右のように，
底面を台形と長
方形に分けて考
えます。台形の
面積は，

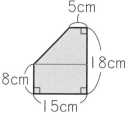

(5 + 15) × (18 − 8) ÷ 2
= 100（cm²）
長方形の面積は，
8 × 15 = 120（cm²）
だから，底面積は，
100 + 120 = 220（cm²）
したがって，この五角柱の体積は，
220 × 12 = 2640（cm³）

〔別解〕

右の図のよう
に，長方形の面
積から三角形の
面積をひいて，
底面積を求める

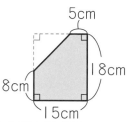

こともできます。長方形の面積は，
18 × 15 = 270（cm²）
三角形の面積は，
(15 − 5) × (18 − 8) ÷ 2
= 50（cm²）
だから，底面積は，
270 − 50 = 220（cm²）

答え

1 ❶ 151.56 cm³ ❷ 272.16 cm³

2 6

3 576 cm³

4 ❶ 3 cm ❷ 339.12 cm³

考え方

1 ❶ 右の図より，こ
の立体の底面積は，
$3 \times 3 \times 3.14$
$\qquad - 2 \times 3 \div 2$
$= 25.26$（cm²）

したがって，求める体積は，
$25.26 \times 6 = 151.56$（cm³）

❷

上の図より，この立体の底面積は，
$8 \times 8 \div 2 - 4 \times 4 \times 3.14 \div 4$
$= 19.44$（cm²）
したがって，求める体積は，
$19.44 \times 14 = 272.16$（cm³）

2 角柱の体積＝底面積×高さだから，こ
の角柱の底面積は，
$252 \div 8 = 31.5$（cm²）
底面は，上底4.4cm，下底6.1cm，
高さ□cm の台形だから，
$(4.4 + 6.1) \times □ \div 2 = 31.5$
4.4＋6.1＝10.5だから，10.5 × □
は，
$31.5 \times 2 = 63$
したがって，□は，
$63 \div 10.5 = 6$

3 展開図を組み立てると，2つの直方
体を組み合わせた立体になります。

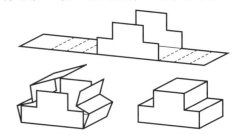

この立体の底
面を，右の図の
ように2つの
長方形に分けて
考えると，面積は，

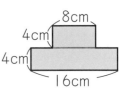

$4 \times 8 + 4 \times 16 = 96$（cm²）
したがって，求める体積は，
$96 \times 6 = 576$（cm³）

4 ❶ 円柱の展開図
において，側面
の長方形の横の
長さと底面の円
の円周の長さは

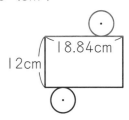

等しくなります。底面の円の直径を□
cm とすると，
$□ \times 3.14 = 18.84$
となるから，□は，
$18.84 \div 3.14 = 6$
したがって，底面の円の半径は，
$6 \div 2 = 3$（cm）

❷ 側面の長方形の縦の長さが12cm
だから，円柱の高さも12cmです。
底面積は，
$3 \times 3 \times 3.14 = 28.26$（cm²）
だから，この円柱の体積は，
$28.26 \times 12 = 339.12$（cm³）

答え

1. ① 8：3　　② 25：3
   ③ 4：7　　④ 2：1

2. ① 比　7：1　比の値　7
   ② 比　3：10　比の値　$\dfrac{3}{10}$

3. ① 6：5　② 14：9　③ 11：4

考え方

1. ●：▲の両方の数に同じ数をかけたり同じ数でわったりして，できるだけ小さい整数の比になおすことを，**比を簡単にする**といいます。

   ① $72：27 = (72÷9)：(27÷9)$
   　　　$= 8：3$

   ② $5：0.6 = (5×10)：(0.6×10)$
   　　$= 50：6 = (50÷2)：(6÷2)$
   　　$= 25：3$

   ③ $\dfrac{2}{3}：\dfrac{7}{6} = \dfrac{4}{6}：\dfrac{7}{6}$

   　　$= \left(\dfrac{4}{6}×6\right)：\left(\dfrac{7}{6}×6\right) = 4：7$

   ④ $1\dfrac{3}{4}：0.875 = \dfrac{7}{4}：\dfrac{7}{8} = \dfrac{14}{8}：\dfrac{7}{8}$

   　　$= \left(\dfrac{14}{8}×8\right)：\left(\dfrac{7}{8}×8\right)$

   　　$= (14÷7)：(7÷7) = 2：1$

2. 比が●：▲で表されるとき，●が▲の何倍にあたるかを表した数を，**比の値**といいます。●：▲の比の値は，●÷▲で求められます。

   ① 3分16秒＝196秒だから，
   　　3分16秒：28秒 ＝ 196：28
   　　$= (196÷28)：(28÷28) = 7：1$
   　　7：1の比の値は，$7÷1 = 7$

   ② 0.51kg ＝ 510g だから，
   　　153g：0.51kg ＝ 153：510
   　　$= (153÷51)：(510÷51) = 3：10$

   3：10の比の値は，$3÷10 = \dfrac{3}{10}$

3. ① 長方形のまわりの長さは，
   　　$(5＋7)×2 = 24$（cm）
   　　正方形のまわりの長さは，
   　　$5×4 = 20$（cm）
   　　したがって，求める比は，
   　　$24：20 = (24÷4)：(20÷4)$
   　　　　　$= 6：5$

   ② 三角形の面積＝底辺×高さ÷2より，
   　　$8×7÷2 = 28$（cm^2）
   　　台形の面積＝（上底＋下底）×高さ÷2より，
   　　$(3＋5)×4.5÷2 = 8×4.5÷2$
   　　　　　　　　　$= 18$（cm^2）
   　　したがって，求める比は，
   　　$28：18 = (28÷2)：(18÷2)$
   　　　　　$= 14：9$

   ③ 円周＝直径×3.14
   　　大きい円の円周は，
   　　$(12.1×2×3.14)$ cm
   　　小さい円の円周は，
   　　$(4.4×2×3.14)$ cm
   　　したがって，求める比は，
   　　$(12.1×2×3.14)：(4.4×2×3.14)$
   　　両方の数を，$2×3.14$ でわって，
   　　$12.1：4.4$
   　　$= (12.1×10)：(4.4×10)$
   　　$= 121：44$
   　　$= (121÷11)：(44÷11)$
   　　$= 11：4$

16 比の利用

答え

1 ①3 ②$\frac{11}{3}\left(=3\frac{2}{3}\right)$ ③36 ④10

2 ①42才 ②34人

3 ①8個 ②210mL ③1750円

4 2700cm²

考え方

1 ① 32は8の，
32÷8＝4（倍）
だから，xは，

$$\frac{3}{4}\times4＝3$$

$$\overset{\times4}{\frac{3}{4}:8＝x:32}_{\times4}$$

② 8は24の，
$8\div24＝\frac{1}{3}$（倍）
だから，xは，

$$11\times\frac{1}{3}＝\frac{11}{3}$$

$$\overset{\times\frac{1}{3}}{24:11＝8:x}_{\times\frac{1}{3}}$$

③ 54は3の，
54÷3＝18（倍）
だから，xは，
2×18＝36

$$\overset{\times18}{54:x＝3:2}_{\times18}$$

④ 12.5は5の，
12.5÷5
＝2.5（倍）
だから，xは，
4×2.5＝10

$$\overset{\times2.5}{x:12.5＝4:5}_{\times2.5}$$

2 ① お父さんの年れいをx才とすると，
12：x＝2：7
12は2の，12÷2＝6（倍）だから，xは，7×6＝42

② クラス全体の人数をx人とすると，
x：16＝（9＋8）：8＝17：8
16は8の，16÷8＝2（倍）だから，xは，17×2＝34

3 ① 赤い球と白い球の合計（76個）の割合を1とすると，赤い球の割合は，

$$\frac{2}{2+17}＝\frac{2}{19}$$

となります。したがって，赤い球の個数は，$76\times\frac{2}{19}＝8$（個）

② ジュース全部（490mL）の割合を1とすると，弟がもらうジュースの割合は，$\frac{3}{4+3}＝\frac{3}{7}$となります。したがって，弟がもらうジュースの量は，

$$490\times\frac{3}{7}＝210\text{（mL）}$$

③ ケーキの金額（3000円）の割合を1とすると，姉が出す金額の割合は，$\frac{7}{5+7}＝\frac{7}{12}$となります。したがって，姉が出す金額は，

$$3000\times\frac{7}{12}＝1750\text{（円）}$$

4 まわりの長さが210cmの長方形だから，縦と横の長さの和は，
210÷2＝105（cm）
縦と横の長さの比は3：4だから，それぞれの長さは，

$$縦\cdots105\times\frac{3}{3+4}＝105\times\frac{3}{7}＝45\text{（cm）}$$

$$横\cdots105\times\frac{4}{3+4}＝105\times\frac{4}{7}＝60\text{（cm）}$$

したがって，この長方形の面積は，
45×60＝2700（cm²）

答え

1 ① ⑦，$\dfrac{3}{2}$　② ㋖，$\dfrac{1}{2}$

2
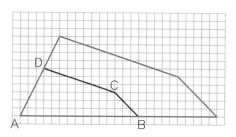

3 ① 92°　② $\dfrac{28}{5}\left(=5\dfrac{3}{5}\right)$cm

考え方

1 ①，② ⑦の三角形は，⑦の三角形の辺の長さをすべて $\dfrac{3}{2}$ 倍にしたものです。

また，㋖の三角形は，⑦の三角形の辺の長さをすべて $\dfrac{1}{2}$ 倍にしたものです。

2 下の図のように，点Bに対応する点をE，点Cに対応する点をF，点Dに対応する点をGとします。

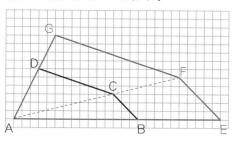

方眼の数を $\dfrac{5}{3}$ 倍にします。

点Bは，点Aから右に15動かしたところにあるので，点Eは，点Aから右に，$15\times\dfrac{5}{3}=25$ 動かしたところにあります。

点Cは，点Aから右に12，上に3動かしたところにあるので，点Fは，点Aから，

右に，$12\times\dfrac{5}{3}=20$

上に，$3\times\dfrac{5}{3}=5$

動かしたところにあります。

点Dは，点Aから右に3，上に6動かしたところにあるので，点Gは，点Aから，

右に，$3\times\dfrac{5}{3}=5$

上に，$6\times\dfrac{5}{3}=10$

動かしたところにあります。

3 ①
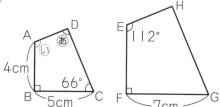

点Aと点Eが対応しているので，上の図の角⊙の大きさは112°です。したがって，角⊛の大きさは，

$360°-(112°+90°+66°)=92°$

② 辺FGの長さは，辺BCの長さの，

$7÷5=\dfrac{7}{5}$（倍）なので，辺EFの長さは，

$4\times\dfrac{7}{5}=\dfrac{28}{5}$（cm）

18 縮図の利用

答え

1 ① 360m   ② 6cm
   ③ 1 : 25000   ④ 1.44km^2

2 8m

3 3888m^2

考え方

1 ① 実際の長さは，地図上の長さの
3000倍だから，地図上の12cmの
長さは実際には，

   12 × 3000 = 36000（cm）
   36000cm = 360m

② 30kmをcmで表すと，

   30km = 30000m = 3000000cm

   3000000cmを$\frac{1}{500000}$に縮め

るから，

   $3000000 × \frac{1}{500000} = 6$（cm）

③ 地図の縮尺を比の形で表すときは，
地図上の長さの割合を1として，

   地図上の長さ：実際の長さ

の形で表します。4kmをcmで表す
と，

   4km = 4000m = 400000cm

だから，この地図の縮尺は，

   16 : 400000 = 1 : 25000

④ 実際の長さは，地図上の長さの
15000倍だから，地図上の8cmの
長さは実際には，

   8 × 15000 = 120000（cm）

kmで表すと，

   120000cm = 1200m = 1.2km

したがって，この正方形の土地の面積
は，

   1.2 × 1.2 = 1.44（km^2）

2 下の図のように点を決めると，三角形
DEFは三角形ABCの拡大図になって
います。

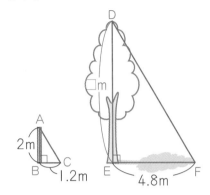

   辺EFの長さは辺BCの長さの，

   4.8 ÷ 1.2 = 4（倍）

です。したがって，辺DEの長さも辺
ABの長さの4倍なので，

   2 × 4 = 8（m）

3 実際の長さは，地図上の長さの900
倍だから，地図上で8cm，6cmの長さ
は，

   8 × 900 = 7200（cm）
   6 × 900 = 5400（cm）

mで表すと，それぞれ，72m，54m
だから，校庭の面積は，

   72 × 54 = 3888（m^2）

答え

1 ① ○　　② ×　　③ △
2 ① $y = 450 \div x$　② $y = 96 \times x$
3 ① $y = 2.5 \times x$　② 16L
4 ① $y = 60 \div x$　② 2.4m

考え方

1 2つの量 x, y があって,

$$y \div x =（きまった数）$$
$$y =（きまった数）\times x$$

と表せるとき, y は x に比例しています。
また, 2つの量 x, y があって,

$$x \times y =（きまった数）$$
$$y =（きまった数）\div x$$

と表せるとき, y は x に反比例しています。これらの関係に注目して考えます。

① 代金＝1本の値段×本数
だから, x と y の関係を式で表すと,

$$y = 50 \times x$$

$y =（きまった数）\times x$ で表されるので, y は x に比例します。

② 立方体の体積＝1辺×1辺×1辺
だから, x と y の関係を式で表すと,

$$y = x \times x \times x$$

式の形より, 比例, 反比例のどちらでもないことがわかります。

③ 平行四辺形の面積＝底辺×高さ
だから, x と y の関係を式で表すと,

$$x \times y = 8$$

$x \times y =（きまった数）$ で表されるので, y は x に反比例します。

2 ① 1ふくろの小麦粉の重さ
＝全部の小麦粉の重さ÷ふくろの枚数
だから, y を x を使った式で表すと,

$$y = 450 \div x$$

② 直方体の体積＝縦×横×高さ
だから, y を x を使った式で表すと,

$$y = 12 \times 8 \times x$$

計算できるところを計算すると,

$$y = 96 \times x$$

3 ① x の値が2倍, 3倍, …になると, y の値も2倍, 3倍, …になっています。したがって, y は x に比例し, $y \div x$ はいつもきまった数になります。
表から, $x = 1$ のとき, $y = 2.5$ なので, $y \div x$ の値は, $2.5 \div 1 = 2.5$
以上より, きまった数は2.5だから, y を x を使った式で表すと,

$$y = 2.5 \times x$$

② y は水の深さを表すから,

$$y = 2.5 \times x$$

に $y = 40$ をあてはめると,

$$40 = 2.5 \times x$$

したがって, x は,

$$40 \div 2.5 = 16$$

4 ① x の値が2倍, 3倍, …になると, y の値は $\frac{1}{2}$ 倍, $\frac{1}{3}$ 倍, …になっています。だから, y は x に反比例し, $x \times y$ はいつもきまった数になります。
表から, $x = 2$ のとき, $y = 30$ なので, $x \times y$ の値は, $2 \times 30 = 60$
したがって, きまった数は60だから, y を x を使った式で表すと,

$$y = 60 \div x$$

② x は等分する人数を表すから,

$$y = 60 \div x$$

に $x = 25$ をあてはめて, y の値を求めると,

$$y = 60 \div 25 = 2.4$$

答え

1 **1** エ   **2** ア

2
x	1	2	3	4	5
y	6	12	18	24	30

3 **1** 10分 **2** 4L **3** $y = 60 \div x$

考え方

1 比例のグラフと反比例のグラフは，そ
れぞれ次のようになります。

　　比例する2つの量の関係…

　　　グラフは0の点を通る直線になる

　　反比例する2つの量の関係…

　　　グラフは0の点を通らず，直線に
　　　はならない

　これらを使って，x と y の関係を表
すグラフを考えます。

1 三角形の面積＝底辺×高さ÷2

　を使って，x と y の関係を式に表すと，

　　$10 = x \times y \div 2$

　だから，

　　$x \times y = 20$

　$x \times y =$（きまった数）で表される
　ので，y は x に反比例します。した
　がって，最も近いグラフは，**エ** となり
　ます。

2 円周の長さ＝直径×3.14

　を使って，x と y の関係を式に表すと，

　　$y = x \times 3.14$

　$y =$（きまった数）$\times x$ で表される
　ので，y は x に比例します。したがっ
　て，最も近いグラフは，**ア** となります。

2 横軸の1目もりが1，縦軸の1目
もりが2になっていることに注意して，
下のグラフの矢印のように読み取ります。

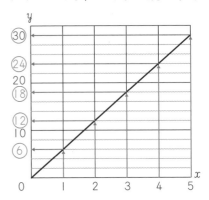

3 **1**，**2** 横軸，縦軸ともに1目もりは
1になっています。下のグラフの矢印
のように読み取ります。

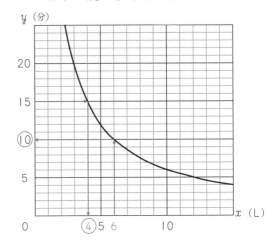

3 **1** より，1分間に6Lの水を入れ
たときにかかる時間は10分だから，
この水そうに入る水の量は，

　　$6 \times 10 = 60$（L）

時間＝水そうに入る水の量

　　　　÷1分間に入れる水の量

だから，y を x を使った式で表すと，

　　$y = 60 \div x$

21 並べ方

答え

1　16通り

2　① 24通り　② 4通り

3　① 6通り　② 6通り

考え方

1　1回目に表が出たときを樹形図にかく
と, 下の図のように8通りになります。

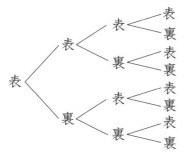

1回目に裏が出たときも同じように
8通りになるので, 全部で,
　8 + 8 = 16 (通り)

2　① 左はしをお父さんとしたときの並び
方を樹形図にかくと, 下の図のように
6通りになります。

左はしをお母さん, さやかさん,
ゆうたさんとしたときも同じように6
通りなので, 全部で,
　6 × 4 = 24 (通り)

② 左はしをお父さん, 右はしをお母さ
んとしたときの並び方を樹形図にかく
と, 下の図のように2通りになります。

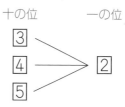

左はしをお母さん, 右はしをお父さ
んとしたときも同じように2通りな
ので, 全部で, 2 + 2 = 4 (通り)

3　① 一の位が偶数であれば, その整数は
偶数になります。一の位を2としたと
きの2けたの整数を樹形図にかくと,
下の図のように3通りになります。

一の位を4としたときも同じよう
に3通りなので, 全部で,
　3 + 3 = 6 (通り)

② 一の位が「0」または「5」であれ
ば, その整数は5の倍数になります。
一の位を5としたときの3けたの整
数を樹形図にかくと, 下の図のように
6通りになります。

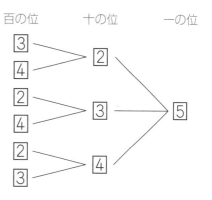

25

答え

1 ❶ 10 通り ❷ 5 通り
2 6 通り
3 ❶ 15 試合 ❷ 6 時間 15 分
4 18 通り

考え方

1 ❶ 選ぶ果物に○をつけると，下の表の
ように 10 通りになります。

り	○	○	○	○						
み	○				○	○	○			
ぶ		○			○			○	○	
か			○			○		○		○
な				○			○		○	○

❷ 「5 種類の中から，選ばない 1 種類
を決める」と考えて，その 1 種類に
×をつけると，下の表のように 5 通
りになります。

り	×				
み		×			
ぶ			×		
か				×	
な					×

2 できる金額を表にかいて求めると，下
の表のように 6 通りになります。

	500	100	50	10
500		600	550	510
100			150	110
50				60
10				

3 ❶ 6 チームの中から試合をする 2 チー
ムの組み合わせを考えると，右上の表
のように 15 試合になります。

	赤	白	黒	緑	黄	青
赤		○	○	○	○	○
白			○	○	○	○
黒				○	○	○
緑					○	○
黄						○
青						

❷ 1 試合にかかる時間が 25 分だか
ら，15 試合にかかる時間は，
$$25 \times 15 = 375 （分）$$
375 分＝ 6 時間 15 分

4 A，B，C の中から委員長を 1 人選ぶ
選び方は，A，B，C の 3 通りです。
D，E，F，G の中から副委員長を 2
人選ぶ選び方は下の表のように 6 通り
です。

D	○	○	○			
E	○			○	○	
F		○		○		○
G			○		○	○

委員長を A としたときの組み合わせ
を樹形図にかくと下のように 6 通りで
す。

委員長　　　副委員長

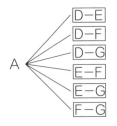

委員長が B，C のときも同じように 6
通りなので，組み合わせは全部で，
$$6 \times 3 = 18 （通り）$$

答え

1 9通り

2 ❶6通り ❷24通り

3 21通り

4 ❶2通り ❷3通り ❸8通り

考え方

1 あいこになるのは，全員が同じ手を出す場合か，全員がちがう手を出す場合のどちらかです。あかねさんがグーを出すときを樹形図にかくと，下の図のように3通りになります。

あかねさんがチョキやパーを出したときも，同じように3通りになるので，全部で，

3 × 3 = 9（通り）

2❶ かりんさんから順に，右手のほうのとなりにだれがいるかを樹形図にかくと，下の図のように6通りになります。

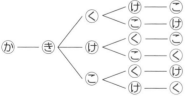

❷ かりんさんの右手のほうのとなりがくるみさん，けいなさん，こはるさんのときも，❶と同じように6通りになるので，並び方は全部で，

6 × 4 = 24（通り）

3 クッキーの枚数を表にまとめると，下のようになります。

バ	1	1	1	1	1	1	2	2	2	2	2
チ	1	2	3	4	5	6	1	2	3	4	5
い	6	5	4	3	2	1	5	4	3	2	1

バ	3	3	3	3	4	4	4	5	5	6
チ	1	2	3	4	1	2	3	1	2	1
い	4	3	2	1	3	2	1	2	1	1

4❶ 「赤，赤」と「赤，白」の2通りの並べ方があります。

❷ 「赤，赤，赤」，「赤，赤，白」，「赤，白，赤」の3通りの並べ方があります。

❸ 樹形図をかくと，下の図のように8通りになります。

1個目　2個目　3個目　4個目　5個目

答え

1 **①**

握力測定の記録

握力（kg）	人数（人）
10以上 ～ 15未満	4
15　　～ 20	7
20　　～ 25	6
25　　～ 30	5
30　　～ 35	2
合計	24

② 13人

2 **①** 平均値　6.2問　　最頻値　4問
　　中央値　5問

② 平均値　低くなる
　　最頻値　変わらない
　　中央値　変わらない

考え方

1 **①**　問題にある表から，それぞれの区切りの人数を「正」の字を使って数えます。

②　①でかいた表から，20kg 以上の人の人数の合計は，

6 + 5 + 2 = 13（人）

2 **①**　平均値は，

(4 + 10 + 8 + 4 + 4 + 9
+ 5 + 10 + 4 + 10 + 8 + 4
+ 6 + 3 + 4) ÷ 15 = 6.2（問）

ドットプロットに表すと，次のようになります。

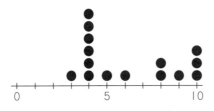

最頻値は，最も多く出てくる値（あたい）だから，4問です。

中央値は，15 ÷ 2 = 7 あまり 1 より小さいほうから 8 番目の値だから，5問です。

2　休みだった 2 人の結果はどちらも，2 人の結果を入れる前の平均値より低いので，休みだった 2 人を入れると平均値は低くなります。

次に，休みだった 2 人の結果を入れると，3 問の人と 6 問の人がそれぞれ 2 人になりますが，これは 4 問の人数である 6 人より少ないので，休みだった 2 人を入れても最頻値は変わりません。

また，休みだった 2 人の結果は，2 人の結果を入れる前の中央値より低い値と高い値が 1 つずつなので，休みだった 2 人を入れても中央値は変わりません。

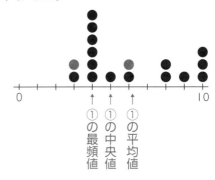

①の最頻値　①の中央値　①の平均値

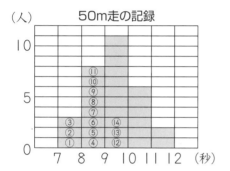

25 資料の整理 ②

答え

1　①　30 人
　　②　9（秒以上）10（秒未満）
　　③　4（番目から）11（番目の間）
　　④　10 %

2　①　○　　②　△　　③　○　　④　×

考え方

1　①　それぞれの区切りの長方形の縦（たて）の長さが人数を表すので，クラスの人数は，

3 + 8 + 11 + 6 + 2 = 30（人）

②　速いほうから順に番号をつけていきます。

50m走の記録

速いほうから数えて 14 番目の人は，9 秒以上 10 秒未満の区切りに入ることがわかります。

③　8.8 秒は，8 秒以上 9 秒未満の区切りに入ります。②の図より，8 秒以上 9 秒未満の区切りには，4 番目から 11 番目の人が入っています。

④　グラフより，7 秒以上 8 秒未満の人数は 3 人です。クラス全体の人数は，①より 30 人だから，求める割合（わりあい）を百分率で表すと，

3 ÷ 30 × 100 = 10（%）

2　①　男子と女子の人数は，どちらも 25 人で同じです。

②　男子でもっとも身長が高い人と，女子でもっとも身長が高い人の身長は，どちらも 160cm 以上 165cm 未満で，どちらのほうが高いかはわかりません。

③　身長が 145cm 以上の男子は，

7 + 4 + 2 + 2 = 15（人）

身長が 145cm 以上の女子は，

6 + 7 + 5 + 1 = 19（人）

したがって，女子のほうが多いです。

④　男子の人数は 25 人で，25 ÷ 2 = 12 あまり 1　だから，中央値は身長が低いほうから数えて，12 + 1 = 13（人目）の身長になります。下の図のように数えると，低いほうから 13 人目の身長は，145cm 以上 150cm 未満です。

女子の人数も 25 人です。中央値は身長が低いほうから数えて 13 人目の身長なので，150cm 以上 155cm 未満です。

したがって，女子の中央値のほうが男子の中央値より高いです。

身長（男子）

身長（女子）

29

26 単位のまとめ

答え

1 ① 2070000m^2　② 350a
　　③ 4800000cm^3　④ 0.95m^3

2 130 (a)，1.3 (ha)

3 ① 480000 (cm^3)，0.48 (m^3)
　　② 15cm

考え方

1 ① 1km^2 = 1000000m^2 だから，
　　2.07km^2＝(2.07×1000000)m^2
　　　　　　　　＝2070000m^2

　② 100m^2 = 1a だから，
　　35000m^2＝(35000÷100)a
　　　　　　　　＝350a

　③ 1m^3 = 1000000cm^3 だから，
　　4.8m^3＝(4.8×1000000)cm^3
　　　　　　　＝4800000cm^3

　④ 10000dL = 1m^3 だから，
　　9500dL＝(9500÷10000)m^3
　　　　　　　＝0.95m^3

2 下の図のように，土地の形を3つの長方形に分けて，それぞれの面積を求めます。

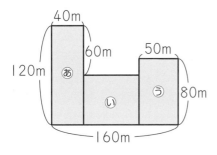

あの面積は，120×40＝4800(m^2)
いは，
　縦，120 − 60 ＝ 60 (m)
　横，160 − (40 + 50)
　　＝ 70 (m)
の長方形だから，面積は，
　　60 × 70 ＝ 4200 (m^2)

うの面積は，80 × 50 ＝ 4000 (m^2)
以上より，求める面積は，
　4800 + 4200 + 4000
＝ 13000 (m^2)
100m^2 = 1a だから，
　13000m^2＝(13000÷100)a
　　　　　＝130a
100a = 1ha だから，
　130a＝(130÷100)ha＝1.3ha

3 ① 単位を cm にそろえると，
　1.2m = 120cm
水そうの容積は，縦120cm，横50cm，高さ80cm の直方体の体積と同じなので，
　120×50×80＝480000(cm^3)
また，1000000cm^3 = 1m^3 だから，
　480000cm^3
＝ (480000 ÷ 1000000) m^3
＝ 0.48m^3

〔別解〕
　単位を m にそろえると，
　50cm = 0.5m，80cm = 0.8m
水そうの容積は，
　1.2 × 0.5 × 0.8 = 0.48 (m^3)
また，1m^3 = 1000000cm^3 だから，
　0.48m^3＝(0.48×1000000)cm^3
　　　　　＝480000cm^3

② 1L = 1000cm^3 だから，
　90L = 90000cm^3
水の深さを□cm とすると，
　120×50×□＝90000
　　6000×□＝90000
　　　　　□＝90000÷6000
　　　　　□＝15
したがって，水の深さは15cm です。

27 分数と割合 ①

答え

1 ① $\dfrac{10}{9}\left(=1\dfrac{1}{9}\right)$ 倍　② $\dfrac{5}{6}$ m

③ $\dfrac{27}{56}$ m

2 3150 円

3 1600 円

4 27 回

考え方

1 ①「〇は△の□倍」のとき，

$$\square = \bigcirc \div \triangle$$

となります。

赤のテープの長さ $\left(1\dfrac{1}{24}\,\text{m}\right)$ は，

青のテープの長さ $\left(\dfrac{15}{16}\,\text{m}\right)$ の□倍

だから，□は，

$$1\dfrac{1}{24} \div \dfrac{15}{16} = \dfrac{25}{24} \times \dfrac{16}{15}$$

$$= \dfrac{25 \times \overset{2}{\cancel{16}}}{\underset{3}{\cancel{24}} \times \cancel{15}} = \dfrac{10}{9}$$

② 白のテープの長さ（〇 m）は，赤

のテープの長さ $\left(1\dfrac{1}{24}\,\text{m}\right)$ の $\dfrac{4}{5}$ 倍だ

から，〇は，

$$1\dfrac{1}{24} \times \dfrac{4}{5} = \dfrac{25}{24} \times \dfrac{4}{5}$$

$$= \dfrac{\overset{5}{\cancel{25}} \times \overset{1}{\cancel{4}}}{\underset{6}{\cancel{24}} \times \cancel{5}} = \dfrac{5}{6}$$

③ 青のテープの長さ $\left(\dfrac{15}{16}\,\text{m}\right)$ は，緑

のテープの長さ（△ m）の $1\dfrac{17}{18}$ 倍だ

から，△は，

$$\dfrac{15}{16} \div 1\dfrac{17}{18} = \dfrac{15}{16} \times \dfrac{18}{35}$$

$$= \dfrac{\overset{3}{\cancel{15}} \times \overset{9}{\cancel{18}}}{\underset{8}{\cancel{16}} \times \underset{7}{\cancel{35}}} = \dfrac{27}{56}$$

2 まみこさんの持っていたお金（もとに

する量）の $\dfrac{2}{9}$ （割合）が 700 円（比

べられる量）です。だから，まみこさん

の持っていたお金は，もとにする量＝比

べられる量÷割合より，

$$700 \div \dfrac{2}{9} = \dfrac{\overset{350}{\cancel{700}} \times 9}{\underset{1}{\cancel{2}}} = 3150 (\text{円})$$

3 ボールペンの値段（比べられる量）は，

840 円（もとにする量）の $\dfrac{5}{6}$ （割合）

だから，比べられる量＝もとにする量×

割合より，

$$840 \times \dfrac{5}{6} = \dfrac{\overset{140}{\cancel{840}} \times 5}{\underset{1}{\cancel{6}}} = 700 (\text{円})$$

本の値段（比べられる量）は，1050

円（もとにする量）の $\dfrac{6}{7}$ （割合）だから，

$$1050 \times \dfrac{6}{7} = \dfrac{\overset{150}{\cancel{1050}} \times 6}{\underset{1}{\cancel{7}}} = 900 (\text{円})$$

したがって，まもるさんが使ったお金の

合計は，

$$700 + 900 = 1600 （\text{円}）$$

4 全体の回数（もとにする量）の $\dfrac{2}{5}$ （割合）

が 18 回（比べられる量）だから，全体

の回数は，もとにする量＝比べられる量

÷割合より，

$$18 \div \dfrac{2}{5} = \dfrac{\overset{9}{\cancel{18}} \times 5}{\underset{1}{\cancel{2}}} = 45 （\text{回}）$$

したがって，残りの回数は，

$$45 - 18 = 27 （\text{回}）$$

答え

1 24 個

2 ❶ 240mL　　❷ 400mL

3 108cm

4 ❶ 144 ページ　　❷ 73 ページ

考え方

1

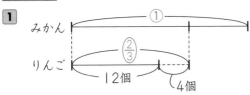

みかんの個数を1とすると，上の図より，$12 + 4 = 16$（個）が $\dfrac{2}{3}$ にあたることがわかります。したがって，みかんの個数は，$16 \div \dfrac{2}{3} = 24$（個）

2 ❶

そうたさんが飲んだあとに残ったジュースの量を1とすると，90mLが，$1 - \dfrac{5}{8} = \dfrac{3}{8}$ にあたります。したがって，そうたさんが飲んだあとに残ったジュースの量は，

$$90 \div \dfrac{3}{8} = 240 \text{（mL）}$$

❷

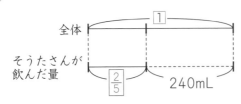

全部のジュースの量を1とすると，240mL が，$1 - \dfrac{2}{5} = \dfrac{3}{5}$ にあたります。したがって，はじめにびんに入っていたジュースの量は，

$$240 \div \dfrac{3}{5} = 400 \text{（mL）}$$

3

リボン全体の長さを1とすると，上の図より，$10 + 5 + 30 = 45$（cm）が，$1 - \left(\dfrac{1}{4} + \dfrac{1}{3} \right) = \dfrac{5}{12}$ にあたることがわかります。したがって，はじめにあったリボンの長さは，

$$45 \div \dfrac{5}{12} = 108 \text{（cm）}$$

4 ❶

本全体のページ数を1とすると，上の図より，$11 + 10 = 21$（ページ）が，$\dfrac{9}{16} - \dfrac{5}{12} = \dfrac{7}{48}$ にあたることがわかります。したがって，本全体のページ数は，

$$21 \div \dfrac{7}{48} = 144 \text{（ページ）}$$

❷ 1日目に読んだページ数は，

$$144 \times \dfrac{5}{12} + 11 = 71 \text{（ページ）}$$

だから，2日目に読んだページ数は，

$$144 - 71 = 73 \text{（ページ）}$$

答え

1 ① 三角形 ABC ② $\dfrac{5}{2}\left(=2\dfrac{1}{2}\right)$ 倍

③ 6cm

2 ① 40° ② $\dfrac{21}{2}\left(=10\dfrac{1}{2}\right)$ cm

3 ① 12cm ② 68cm

考え方

1 ① 直線 DE と辺 BC
は平行だから, 右の
図の角㋐と角㋑の
大きさ, 角㋒と角
㋓の大きさは等し
くなります。以上
より, 三角形 ABC

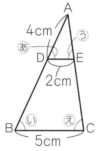

と三角形 ADE は, 2 組の角の大きさ
が等しいので, 三角形 ABC は三角形
ADE の拡大図になっていることがわ
かります。

② 辺 BC の長さは, 辺 DE の長さの,

$$5 \div 2 = \dfrac{5}{2}\ (倍)$$

なので, 三角形ABCは, 三角形ADE の
$\dfrac{5}{2}$ 倍の拡大図になっています。

③ 辺 AB の長さは, 辺 AD の長さの
$\dfrac{5}{2}$ 倍だから, $4 \times \dfrac{5}{2} = 10$ （cm）
したがって, 直線 DB の長さは,
$$10 - 4 = 6\ （cm）$$

2 ① 辺 AD と辺 BC が平行だから, 角㋐
の大きさは, 40°です。

②

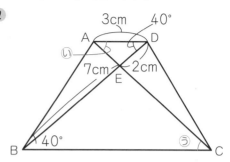

辺 AD と辺 BC が平行だから, 上の
図の角㋑と角㋒の大きさも等しいです。
したがって, 三角形 BCE と三角形
DAE は, 2 組の角の大きさが等しい
ので, 三角形 BCE は三角形 DAE の
拡大図になっていることがわかります。

辺 BE の長さは辺 DE の長さの,

$$7 \div 2 = \dfrac{7}{2}\ （倍）$$

だから, 辺 BC の長さも辺 DA の長
さの $\dfrac{7}{2}$ 倍で,

$$3 \times \dfrac{7}{2} = \dfrac{21}{2}\ （cm）$$

3 **❶**

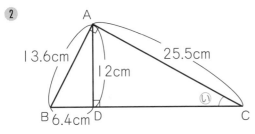

A
13.6cm
25.5cm
あ
B 6.4cm D C

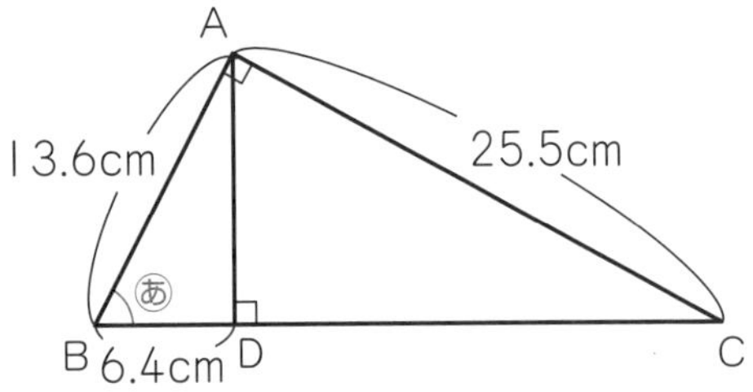

　上の図のように角⑤を決めると，三角形DBAと三角形ABCのどちらにも角⑤と直角があるので，2組の角の大きさが等しく，三角形DBAは三角形ABCの縮図になっていることがわかります。辺DBの長さは，辺ABの長さの，$6.4 ÷ 13.6 = \dfrac{8}{17}$（倍）

だから，辺ADの長さも辺CAの長さの$\dfrac{8}{17}$倍で，$25.5 × \dfrac{8}{17} = 12$（cm）

❷

A
13.6cm
25.5cm
12cm
い
B 6.4cm D C

　上の図のように角⑥を決めると，三角形DACと三角形ABCのどちらにも角⑥と直角があるので，2組の角の大きさが等しく，三角形DACは三角形ABCの縮図になっていることがわかります。辺DAの長さは，辺ABの長さの，$12 ÷ 13.6 = \dfrac{15}{17}$（倍）

だから，辺CDの長さも辺CAの長さの$\dfrac{15}{17}$倍で，$25.5 × \dfrac{15}{17} = 22.5$（cm）

　以上より，三角形ABCのまわりの長さは，

$13.6 + 6.4 + 22.5 + 25.5$
$= 68$（cm）

〔**❷**の別解〕

　❷は，三角形の面積を利用して，辺CDの長さを求めることもできます。
　三角形ABCの面積は，
　$13.6 × 25.5 ÷ 2 = 173.4$（cm²）
　三角形DBAの面積は，
　$6.4 × 12 ÷ 2 = 38.4$（cm²）
　だから，三角形DACの面積は，
　$173.4 − 38.4 = 135$（cm²）
　辺CDの長さを□cmとすると，辺ADの長さは12cmだから，
　$□ × 12 ÷ 2 = 135$
　となり，□は，
　$135 × 2 ÷ 12 = 22.5$

〔**3**の別解〕

　三角形DBAが三角形ABCの縮図になっていることと，三角形DACが三角形ABCの縮図になっていることに注目すると，三角形DACが三角形DBAの拡大図になっていることがわかります。
　辺CAの長さは辺ABの長さの，

$$25.5 ÷ 13.6 = \dfrac{15}{8}$$（倍）

だから，辺DAの長さも辺DBの長さの$\dfrac{15}{8}$倍で，$6.4 × \dfrac{15}{8} = 12$（cm）

辺CDの長さも辺ADの長さの$\dfrac{15}{8}$倍で，

$$12 × \dfrac{15}{8} = 22.5$$（cm）

以上より，三角形ABCのまわりの長さは，

　$13.6 + 6.4 + 22.5 + 25.5$
　$= 68$（cm）

30 拡大図と縮図の利用 ②

答え

1 **①** 三角形 CDE　　**②** 150cm

③ 1.8m　　**④** 3m

考え方

1 **①**

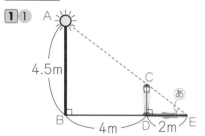

　上の図のように，角あを決めます。すると，三角形 CDE と三角形 ABE のどちらにも角あと直角があるので，2 組の角の大きさが等しく，三角形 CDE は三角形 ABE の縮図になっていることがわかります。

② 辺 DE の長さは，辺 BE の長さの，

$$2 \div (4 + 2) = \frac{1}{3}\ (倍)$$

だから，辺 CD の長さも辺 AB の長さの $\frac{1}{3}$ 倍で，$4.5 \times \frac{1}{3} = 1.5$ （m）

したがって，1.5m = 150cm

③

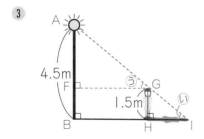

　上の図のように点と角を決めます。直線 FG と直線 BI は平行なので，角いと角うの大きさは等しくなります。したがって，三角形 GHI と三角形 AFG に注目すると，2 組の角の大き

さが等しいので，三角形 GHI は三角形 AFG の縮図になっていることがわかります。

　辺 AF の長さは，$4.5 - 1.5 = 3$（m）だから，辺 GH の長さは，辺 AF の長さの，$1.5 \div 3 = \frac{1}{2}$（倍）

したがって，辺 HI の長さも辺 FG の長さの $\frac{1}{2}$ 倍です。街灯からりえさんまでのきょりは，

　$4 - 0.4 = 3.6$（m）

だから，りえさんのかげの長さは，

　$3.6 \times \frac{1}{2} = 1.8$（m）

④

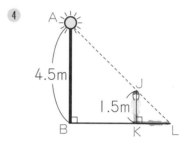

　① より，三角形 ABL は，三角形 JKL の拡大図になっています。辺 AB の長さは，辺 JK の長さの，

　$4.5 \div 1.5 = 3$（倍）

だから，辺 BL の長さも辺 KL の長さの 3 倍になります。辺 KL の長さはりえさんの身長と等しく，1.5m なので，辺 BL の長さは，

　$1.5 \times 3 = 4.5$（m）

したがって，求める長さは，

　$4.5 - 1.5 = 3$（m）

答え

1 ❶ 25cm^2 ❷ 56.52cm^2

2 64cm^2

3 4.71cm^2

考え方

1 ❶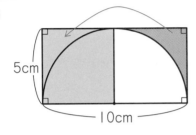

上の図のように，▰部分を移動すると，求める面積は，1辺の長さが5cmの正方形の面積となります。したがって，求める面積は，

$5 \times 5 = 25$ （cm^2）

❷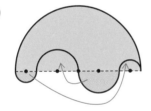

上の図のように，▰部分を移動すると，求める面積は，半径が，

$2 + 4 = 6$ （cm）

の円の面積の半分となります。したがって，求める面積は，

$6 \times 6 \times 3.14 \div 2$
$= 56.52$ （cm^2）

2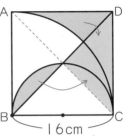

上の図のように，▰部分を移動すると，求める面積は，1辺の長さが16cmの正方形ABCDを4等分したうちの1つ分の面積となります。したがって，求める面積は，

$16 \times 16 \div 4 = 64$ （cm^2）

3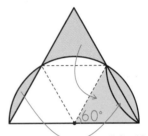

正三角形の中に点線の補助線を引いて考えます。上の図のように，▰部分を移動すると，求める面積は，半径が3cmの円の一部の面積となります。

$360 \div 60 = 6$

より，6つ集まると円になるので，その面積は，

$3 \times 3 \times 3.14 \div 6$
$= 4.71$ （cm^2）

答え

1 ❶ 6cm ❷ 384cm³ ❸ 5.12cm

2 ❶ 197.82cm³ ❷ 653.12cm³

考え方

1 ❶

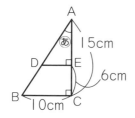

　上の図のように角あを決めると，三角形 ADE と三角形 ABC のどちらにも角あと直角があるので，2 組の角の大きさが等しく，三角形 ADE は三角形 ABC の縮図になっていることがわかります。辺 AE の長さは，

$15 - 6 = 9$（cm）

で，辺 AC の長さの，

$9 ÷ 15 = \dfrac{3}{5}$（倍）

だから，辺 DE の長さも辺 BC の長さの $\dfrac{3}{5}$ 倍で，$10 × \dfrac{3}{5} = 6$（cm）です。

❷　水の体積は，四角形 BCED を底面とする高さ 8cm の四角柱の体積と等しいです。四角形 BCED は台形で，その面積は，

$(6 + 10) × 6 ÷ 2 = 48$（cm²）

だから，容器に入っている水の量は，

$48 × 8 = 384$（cm³）

❸　三角形 ABC の面積は，

$10 × 15 ÷ 2 = 75$（cm²）

水の量は❷より 384cm³ だから，三角形 ABC を底面にすると水の深さは，

$384 ÷ 75 = 5.12$（cm）

2 ❶

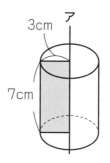

　直線**ア**を軸にして 1 回転させると，上のような円柱ができます。底面の円の半径が 3cm，高さが 7cm なので，体積は，

$3 × 3 × 3.14 × 7 = 197.82$（cm³）

❷

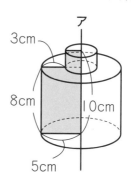

　直線**ア**を軸にして 1 回転させると，上のような円柱 2 つを組み合わせた立体ができます。

　底面の円の半径が 5cm，高さが 8cm の円柱の体積は，

$(5 × 5 × 3.14 × 8)$ cm³

底面の円の半径が，$5 - 3 = 2$（cm），高さが，$10 - 8 = 2$（cm）の円柱の体積は，

$(2 × 2 × 3.14 × 2)$ cm³

したがって，求める体積は，

$5 × 5 × 3.14 × 8$
　　　$+ 2 × 2 × 3.14 × 2$
$= (5 × 5 × 8 + 2 × 2 × 2) × 3.14$
$= 208 × 3.14$
$= 653.12$（cm³）

答え

1 ① $\dfrac{11}{24}$　　② $2.35\left(=2\dfrac{7}{20}\right)$

③ $\dfrac{7}{2}\left(=3\dfrac{1}{2}\right)$　④ $\dfrac{63}{20}\left(=3\dfrac{3}{20}\right)$

2 ① $\dfrac{35}{6}\left(=5\dfrac{5}{6}\right)$　② $\dfrac{8}{9}$

3 ① $\dfrac{5}{3}\left(=1\dfrac{2}{3}\right)$　② 23.4

考え方

1 先にかけ算・わり算を計算して，その
あと，たし算・ひき算を計算します。

① $\dfrac{5}{8}-\dfrac{1}{4}\times\dfrac{2}{3}=\dfrac{5}{8}-\dfrac{1\times\overset{1}{2}}{4\times 3}$

$=\dfrac{15}{24}-\dfrac{4}{24}=\dfrac{11}{24}$

② $0.35+\dfrac{3}{11}\div 0.75\times 5\dfrac{1}{2}$

$=0.35+\dfrac{3}{11}\div\dfrac{3}{4}\times\dfrac{11}{2}$

$=0.35+\dfrac{\overset{1}{3}\times\overset{2}{4}\times\overset{1}{11}}{\underset{1}{11}\times\underset{1}{3}\times\underset{1}{2}}=2.35$

③ $\dfrac{1}{14}+1.8\div\dfrac{7}{15}-\dfrac{3}{7}$

$=\dfrac{1}{14}+\dfrac{9}{5}\div\dfrac{7}{15}-\dfrac{3}{7}$

$=\dfrac{1}{14}+\dfrac{9\times\overset{3}{15}}{\underset{1}{5}\times 7}-\dfrac{3}{7}$

$=\dfrac{1}{14}+\dfrac{54}{14}-\dfrac{6}{14}=\dfrac{\overset{7}{49}}{\underset{2}{14}}=\dfrac{7}{2}$

④ $3\dfrac{3}{8}-1\dfrac{4}{5}+2.7\times\dfrac{7}{12}$

$=\dfrac{27}{8}-\dfrac{9}{5}+\dfrac{27\times 7}{10\times\underset{4}{12}}$

$=\dfrac{135}{40}-\dfrac{72}{40}+\dfrac{63}{40}=\dfrac{\overset{63}{126}}{\underset{20}{40}}=\dfrac{63}{20}$

2 （　）があるときは，（　）の中を先に
計算します。

① $1\dfrac{8}{15}\div\left(\dfrac{1}{7}+0.12\right)$

$=\dfrac{23}{15}\div\left(\dfrac{1}{7}+\dfrac{3}{25}\right)$

$=\dfrac{23}{15}\div\left(\dfrac{25}{175}+\dfrac{21}{175}\right)$

$=\dfrac{\overset{1}{23}\times\overset{35}{175}}{\underset{3}{15}\times\underset{2}{46}}=\dfrac{35}{6}$

② $\left(\dfrac{2}{5}+0.2\right)\times 2\dfrac{2}{3}\div\left(5.3-3\dfrac{1}{2}\right)$

$=\left(\dfrac{2}{5}+\dfrac{1}{5}\right)\times\dfrac{8}{3}\div\left(\dfrac{53}{10}-\dfrac{7}{2}\right)$

$=\dfrac{3}{5}\times\dfrac{8}{3}\div\dfrac{9}{5}=\dfrac{3\times 8\times 5}{5\times 3\times 9}=\dfrac{8}{9}$

3 ① 計算のきまりを使います。

$\boxed{\dfrac{1}{4}}\times 2\dfrac{1}{3}+\boxed{\dfrac{13}{28}}\times 2\dfrac{1}{3}$

$=\left(\dfrac{1}{4}+\dfrac{13}{28}\right)\times 2\dfrac{1}{3}$

$=\dfrac{5}{7}\times\dfrac{7}{3}=\dfrac{5\times 7}{7\times 3}=\dfrac{5}{3}$

② $46.8=2.34\times 20$
$23.4=2.34\times 10$
を使います。

$46.8\times\dfrac{1}{5}+23.4\times\dfrac{3}{10}+2.34\times 3$

$=2.34\times 20\times\dfrac{1}{5}+2.34\times 10\times\dfrac{3}{10}$
$\qquad\qquad\qquad\qquad+2.34\times 3$

$=2.34\times\left(20\times\dfrac{1}{5}+10\times\dfrac{3}{10}+3\right)$

$=2.34\times(4+3+3)$

$=2.34\times 10$

$=23.4$

34 歯車の性質

答え

1 10回転

2 ① 2回転　② 12回転

3 300°

考え方

1 歯車 A が 8 回転したときの歯車 B の回転数を□回転とすると，かみ合う歯の数は同じだから，

$$50 × 8 = 40 × □$$

が成り立ちます。したがって，

$$400 = 40 × □$$
$$□ = 400 ÷ 40$$
$$□ = 10$$

2 ① 歯車 B が 6 回転したときの歯車 A の回転数を□回転とすると，かみ合う歯の数は同じだから，

$$45 × □ = 15 × 6$$

が成り立ちます。したがって，

$$45 × □ = 90$$
$$□ = 90 ÷ 45$$
$$□ = 2$$

② 歯車 A，B，C で，かみ合う歯の数はどれも同じです。したがって，歯車 A と歯車 C で考えます。歯車 A が 8 回転したときの歯車 C の回転数を△回転とすると，

$$45 × 8 = 30 × △$$

が成り立ちます。したがって，

$$360 = 30 × △$$
$$△ = 360 ÷ 30$$
$$△ = 12$$

3 $$180° ÷ 360° = 0.5$$

より，歯車 A の回転数は 0.5 回転と考えられます。歯車 A が 0.5 回転したときの歯車 B の回転数を□回転とすると，かみ合う歯の数は同じだから，

$$20 × 0.5 = 12 × □$$

が成り立ちます。したがって，

$$10 = 12 × □$$
$$□ = 10 ÷ 12$$
$$□ = \frac{5}{6}$$

360 度回転すると 1 回転だから，$\frac{5}{6}$ 回転は，

$$360° × \frac{5}{6} = 300°$$

35 円の面積の応用 ①

答え

1 ① 25.12m² ② 270°
③ 16.485m²

考え方

1 ① 下の図のように，図形を3つに分けて，それぞれの面積を求めます。

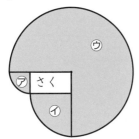

⑦は，半径が1mの円を4等分したうちの1つ分だから，面積は，

$1 × 1 × 3.14 ÷ 4 = 0.785 (m^2)$

⑦は，半径が2mの円を4等分したうちの1つ分だから，面積は，

$2 × 2 × 3.14 ÷ 4 = 3.14 (m^2)$

⑦は，半径が3mの円を4等分したうちの3つ分だから，面積は，

$3 × 3 × 3.14 ÷ 4 × 3$
$= 21.195 (m^2)$

以上より，求める面積は，

$0.785 + 3.14 + 21.195$
$= 25.12 (m^2)$

②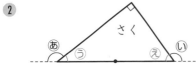

上の図の，角ぁ，角い，角う，角えの大きさの和は，

$180° + 180° = 360°$

三角形の3つの角の大きさの和は180°だから，角うと角えの大きさの和は，$180° − 90° = 90°$

したがって，角ぁと角いの大きさの和は，$360° − 90° = 270°$

3 モモが動けるはんいは，下の図の色がついた部分になります。

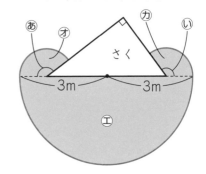

上の図の工は，半径が3mの円を2等分したうちの1つ分だから，面積は，

$3 × 3 × 3.14 ÷ 2 = 14.13 (m^2)$

②より，角ぁと角いの大きさの和が270°だから，オとカをあわせた図形は，下の図のようになります。

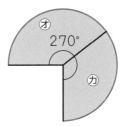

これは，半径，$3 − 2 = 1 (m)$の円を4等分したうちの3つ分だから，面積は，

$1 × 1 × 3.14 ÷ 4 × 3 = 2.355 (m^2)$

以上より，求める面積は，

$14.13 + 2.355 = 16.485 (m^2)$

答え

1 **1**

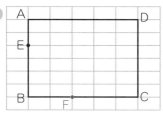

2 7cm   **3** 7.5cm

考え方

1 1　下の図のように，辺 BC を対称の軸として点 E に対応する点 E′ をとると，直線 EF の長さと E′F の長さは等しいです。したがって，「直線 EF の長さと直線 FD の長さの和」は，「直線 E′F の長さと直線 FD の長さの和」と等しくなります。これが最も小さくなるのは，点 E′ と点 D を直線で結んだときなので，直線 E′D と辺 BC の交わる点が F になります。

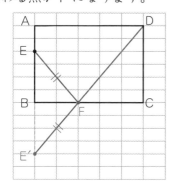

2

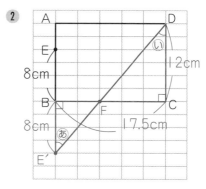

　直線 AE′ と辺 DC は平行なので，上の図の角あと角いの大きさは等しいです。

　三角形 BE′F と三角形 CDF に注目すると，2 組の角の大きさが等しいので，三角形 BE′F は三角形 CDF の縮図になっていることがわかります。

　辺 BE′ の長さと直線 BE の長さは等しいので，辺 BE′ の長さと辺 CD の長さの比は，

　8 : 12 = 2 : 3

したがって，辺 BF の長さと辺 CF の長さの比も 2 : 3 なので，辺 BF の長さは，

$$17.5 \times \frac{2}{2+3} = 7 \ (cm)$$

3 下の図のように，辺 AD を対称の軸として点 E に対応する点 E′ と，辺 BC を対称の軸として点 D に対応する点 D′ をとります。すると，

・直線 EG の長さと直線 E′G の長さ
・直線 DH の長さと直線 D′H の長さ

はそれぞれ等しいです。したがって，「直線 EG の長さと直線 GH の長さと直線 HD の長さの和」は，「直線 E′G の長さと直線 GH の長さと直線 HD′ の長さの和」と等しくなります。これが最も小さくなるのは，点 E′ と点 D′ を直線で結んだときなので，直線 E′D′ と辺 AD の交わる点が G，直線 E′D′ と辺 BC の交わる点が H になります。

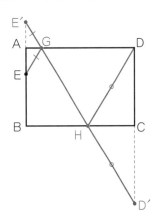

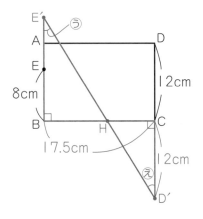

また，直線 E′B と直線 DD′ は平行なので，上の図の角⑤と角⑥の大きさは等しいです。

三角形 CHD′ と三角形 BHE′ に注目すると，2 組の角の大きさが等しいので，三角形 CHD′ は三角形 BHE′ の縮図になっていることがわかります。

辺 AE′ の長さと直線 AE の長さは等しく，12 − 8 = 4（cm）なので，辺 BE′ の長さと辺 CD′ の長さの比は，

(8 + 4 + 4) : 12 = 4 : 3

したがって，辺 BH の長さと辺 CH の長さの比も 4 : 3 なので，辺 CH の長さは，

$$17.5 \times \frac{3}{4+3} = 7.5 \ (cm)$$

答え

1 ① 20, ② 30

2 ❶ 6分後 ❷ 1.5L ❸ 1.2L

3 ❶ 20cm ❷ ①8, ②20

考え方

1 1分間に, $0.8L = 800cm^3$ の割合で水を入れているので, 10分間で入れた水は, $800 \times 10 = 8000$ (cm^3)
容器の底面積が, $20 \times 20 = 400$(cm^2) だから, 水面の高さは,

$8000 \div 400 = 20$ (cm) …①

また, この容器に 60cm の高さまで入れたときの水の量は,

$400 \times 60 = 24000$ (cm^3)

1分間に入れる水の量は $800cm^3$ だから, かかった時間は,

$24000 \div 800 = 30$ (分) …②

2❶ 6分後のところでグラフが折れているので, 水を入れ始めて6分後に水の増え方が変わった, つまり, 給水管 A だけで入れていたのを, 給水管 A, B の2本で入れるようになったということがわかります。

❷ 給水管 A だけで水を入れていた, グラフの6分後までの部分に注目します。この容器の 12.5cm の高さまで入れたときの水の量は,

$30 \times 24 \times 12.5 = 9000$(cm^3)

これだけ入れるのに6分かかっているので, 1分あたりに入れた水の量は,

$9000 \div 6 = 1500$ (cm^3)

$1500cm^3 = 1.5L$

❸ 給水管 A, B の2本を使って水を入れていた, グラフの6分後から16分後までの部分に注目します。この間に入れた水の量は,

$30 \times 24 \times (50 - 12.5)$
$= 27000$ (cm^3)

かかった時間は, $16 - 6 = 10$(分間) なので, 1分あたりに入れた水の量は,

$27000 \div 10 = 2700$ (cm^3)

$2700cm^3 = 2.7L$

給水管 A が入れる水の量は, 1分あたり 1.5L だから, 給水管 B が入れる水の量は, $2.7 - 1.5 = 1.2$ (L)

3 右のように, 水そうの仕切られた部分の辺 AB 側を**ア**, 辺 CD 側を**イ**, 仕切りより上の部分を**ウ**とします。グラフから,

・0分〜①分 …**ア**に水がたまる
・①分〜②分 …**イ**に水がたまる
・②分よりあと…**ウ**に水がたまる

ことが読み取れます。

❶ ①分〜②分のとき, 水の高さが 20cm であることから, 仕切りの高さも 20cm であることがわかります。

❷ 1分間に, $4L = 4000cm^3$ の割合で水を入れているので, **ア**に高さが 20cm の水がたまるまでにかかった時間は,

$40 \times 40 \times 20 \div 4000$
$= 8$ (分) …①

②分よりあとから**ウ**に水がたまり始めたので, ②分の時点で**イ**に高さが 20cm まで水がたまったことがわかります。**イ**に高さ 20cm の水をためるまでにかかった時間は,

$40 \times 60 \times 20 \div 4000 = 12$(分)

イに水をため始めた時間は, ①より8分だから,

$8 + 12 = 20$ (分) …②

答え

1 ❶ 4秒 ❷ 24秒 ❸ 64cm²

2 ❶ 6秒後 ❷ 4(秒後と)8(秒後)

考え方

1 ❶

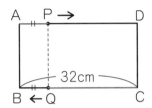

　直線 PQ が辺 AB と平行になると
き，上の図のように直線 AP と直線
BQ の長さが等しくなるので，
　（点 P が進んだ長さ）
　　　　　　+（点 Q が進んだ長さ）
= 32（cm）
となります。点 P は1秒間に 3cm，
点 Q は1秒間に 5cm 進むから，点
P と点 Q が合わせて 32cm 進むまで
にかかる時間は，
　32 ÷（3 + 5）= 4（秒）
〔別解〕
　点 Q と同じ速さで頂点 D から頂点
A に向かって動く点を「Q′」として，
点 P と点 Q′ が重なるまでにかかる時
間を求めることもできます。

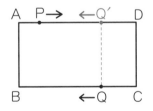

　2点 P，Q′ は，最初 32cm はなれ
ていて，1秒間に，3 + 5 = 8（cm）
ずつ近づくから，2点が重なるまでに
かかる時間は，
　32 ÷ 8 = 4（秒）

2 ❶

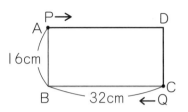

　辺 AB の長さと辺 BC の長さの和は，
　16 + 32 = 48（cm）
この道のりが，1秒間に，
　5 - 3 = 2（cm）
ずつ縮まっていくから，2点が重なる
までにかかる時間は，
　48 ÷ 2 = 24（秒）
❷　点 P は，24秒間で，
　3 × 24 = 72（cm）
進みます。辺 AD の長さが 32cm，
辺 DC の長さが 16cm であり，
　72 -（32 + 16）= 24（cm）
だから，このとき，点 P は辺 BC 上
にあり，直線 CP の長さは 24cm です。

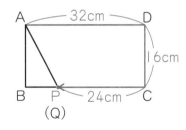

　このとき，
　辺 AB の長さ…16cm
　辺 BP の長さ…32 - 24 = 8（cm）
だから，三角形 ABP の面積は，
　8 × 16 ÷ 2 = 64（cm²）

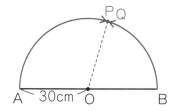

2 ①

上の図より、2点P、Qが重なったとき、

　(点Pが進んだ長さ)
　　　　＋(点Qが進んだ長さ)
＝(円周の長さの半分)
となります。

　円周の長さの半分は、

　$30 \times 2 \times 3.14 \div 2 = 94.2$(cm)
点Pは1秒間に9.3cm、点Qは1秒間に6.4cm進むから、点Pと点Qが合わせて94.2cm進むまでにかかる時間は、

　$94.2 \div (9.3 + 6.4) = 6$(秒)

②

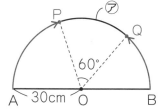

　1回目に角㋑の大きさが60°になるとき、$360° \div 60° = 6$より、上の図の2点P、Qの間にある㋐の部分の長さは、円周の長さを6等分したうちの1つ分です。その長さは、

　$30 \times 2 \times 3.14 \div 6 = 31.4$(cm)
円周の長さの半分は、①より94.2cmだから、2点P、Qが進んだ長さの和は、$94.2 - 31.4 = 62.8$(cm)です。点Pと点Qが1秒間に進む長さの和は、$9.3 + 6.4 = 15.7$(cm)だから、合わせて62.8cm進むのにかかる時間は、$62.8 \div 15.7 = 4$(秒)

　2回目に角㋑の大きさが60°になるのは、下の図のように、2点P、Qが重なったあと、さらに点Pと点Qが合わせて、円周を6等分した長さを進んだときです。

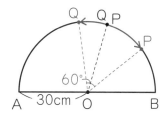

　円周を6等分した長さは31.4cmで、2点P、Qが1秒間に進む長さの和は15.7cmだから、2点P、Qが重なってから、

　$31.4 \div 15.7 = 2$(秒後)
に、角㋑の大きさが60°になります。

　①より、2点P、Qが重なるのは、出発してから6秒後だから、求める時間は、

　$6 + 2 = 8$(秒)

45

答え

1 ①12.56cm ②62.8cm^2 ③6回転

2 25.12cm

3 78.5cm^2

考え方

1 ①

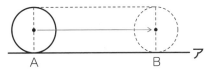

　円の中心が動いたあとは，上の図のような直線になります。したがって，求める長さは，直線 AB の長さと等しくなります。

　円は1回転しているので，直線 AB の長さは円周の長さと等しく，

　　$2 \times 2 \times 3.14 = 12.56$（cm）

です。したがって，円の中心が動いた長さも 12.56cm です。

　上の図のように，円が通った部分を⑤，⑥，⑦に分けて考えます。

　⑤と⑦の面積の合計は，半径が 2cm の円の面積と等しくなるから，

　　$2 \times 2 \times 3.14 = 12.56$（cm^2）

　⑥は，縦が，$2 \times 2 = 4$（cm），横が 12.56cm の長方形だから，その面積は，

　　$4 \times 12.56 = 50.24$（cm^2）

したがって，求める面積は，

　　$12.56 + 50.24 = 62.8$（cm^2）

3

　円が□回転したとするとき，上の図の直線 CD の長さは，

　　$(2 \times 2 \times 3.14 \times □)$ cm

と表せます。したがって，色のついた部分の面積を式で表すと，

　　$2 \times 2 \times 3.14$
　　　　$+ 4 \times 2 \times 2 \times 3.14 \times □$
　$= 1 \times 2 \times 2 \times 3.14$
　　　　$+ 4 \times □ \times 2 \times 2 \times 3.14$
　$= (1 + 4 \times □) \times 2 \times 2 \times 3.14$
　$= (1 + 4 \times □) \times 4 \times 3.14$

これが 314cm^2 になるから，□は，

　　$(1 + 4 \times □) \times 4 \times 3.14 = 314$
　　$(1 + 4 \times □) \times 4 = 314 \div 3.14$
　　$(1 + 4 \times □) \times 4 = 100$
　　　　$1 + 4 \times □ = 100 \div 4$
　　　　$1 + 4 \times □ = 25$
　　　　　　$4 \times □ = 25 - 1$
　　　　　　$4 \times □ = 24$
　　　　　　　　□$= 24 \div 4$
　　　　　　　　□$= 6$

したがって，円は6回転していることがわかります。

2

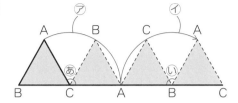

点Aは，上の図のように動きます。正
三角形の 3 つの角はそれぞれ 60° だか
ら，上の図の角⑤と角⑥の大きさは，

$$180° - 60° = 120°$$

となります。したがって，上の図の⑦の
部分が，360 ÷ 120 = 3（つ）集ま
ると，半径 6cm の円の円周部分になる
から，⑦の長さは，

$$6 × 2 × 3.14 ÷ 3 = 12.56（cm）$$

⑥の長さも⑦の長さと等しく 12.56cm
だから，点Aが動く長さは，

$$12.56 + 12.56 = 25.12（cm）$$

3

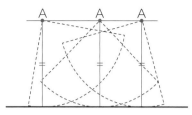

図形⑦の曲線部分が直線上を通るとき，
点Aと直線のきょりは，いつも円の半径
になることから，点Aが通ったあとは，
上の図のように直線になることがわかり
ます。したがって，最初の位置から点A
が動く線をかくと，下のようになります。

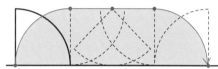

求める面積は，上の図の色がぬられた
部分の面積で，これは，半径 5cm の円
を 4 等分したうちの 2 つ分の面積と長
方形の面積を合計して求められます。

長方形の横の長さは，図形⑦の曲線部
分の長さに等しく，

$$5 × 2 × 3.14 ÷ 4 = 7.85（cm）$$

だから，求める面積は，

$$5 × 5 × 3.14 ÷ 4 × 2 + 5 × 7.85$$
$$= 39.25 + 39.25$$
$$= 78.5（cm^2）$$

答え

1　① $\dfrac{10}{7}\left(=1\dfrac{3}{7}\right)$　② $\dfrac{4}{9}$

　③ $\dfrac{2}{3}$　④ $\dfrac{9}{7}\left(=1\dfrac{2}{7}\right)$

2　① $\dfrac{5}{28}$　② $\dfrac{5}{6}$

3　$\dfrac{5}{3}\left(=1\dfrac{2}{3}\right)$

考え方

1　ふつうに計算するときと，逆の順序で
　計算します。

① $\dfrac{2}{5}\times x-\dfrac{1}{14}=\dfrac{1}{2}$

$\dfrac{2}{5}\times x=\square$ とすると，

$\square-\dfrac{1}{14}=\dfrac{1}{2}$

より，$\square$は，$\dfrac{1}{2}+\dfrac{1}{14}=\dfrac{4}{7}$

$\dfrac{2}{5}\times x=\dfrac{4}{7}$ だから，xは，

$\dfrac{4}{7}\div\dfrac{2}{5}=\dfrac{4}{7}\times\dfrac{5}{2}=\dfrac{10}{7}$

② $\dfrac{1}{15}+x\div\dfrac{10}{21}=1$

$x\div\dfrac{10}{21}=\square$ とすると，$\dfrac{1}{15}+\square=1$

より，$\square$は，$1-\dfrac{1}{15}=\dfrac{14}{15}$

$x\div\dfrac{10}{21}=\dfrac{14}{15}$ だから，xは，

$\dfrac{14}{15}\times\dfrac{10}{21}=\dfrac{4}{9}$

③　計算できるところを先に計算します。

$x\times\dfrac{1}{4}-\dfrac{1}{6}\div 2.5=\dfrac{1}{10}$

$x\times\dfrac{1}{4}-\dfrac{1}{15}=\dfrac{1}{10}$

$x\times\dfrac{1}{4}=\square$ とすると，

$\square-\dfrac{1}{15}=\dfrac{1}{10}$

より，$\square$は，$\dfrac{1}{10}+\dfrac{1}{15}=\dfrac{1}{6}$

$x\times\dfrac{1}{4}=\dfrac{1}{6}$ だから，xは，

$\dfrac{1}{6}\div\dfrac{1}{4}=\dfrac{1}{6}\times 4=\dfrac{2}{3}$

④ $\dfrac{7}{12}\div\dfrac{3}{14}\times x-3=\dfrac{1}{2}$

$\dfrac{49}{18}\times x-3=\dfrac{1}{2}$

$\dfrac{49}{18}\times x=\square$ とすると，

$\square-3=\dfrac{1}{2}$

より，$\square$は，$\dfrac{1}{2}+3=\dfrac{7}{2}$

$\dfrac{49}{18}\times x=\dfrac{7}{2}$ だから，xは，

$\dfrac{7}{2}\div\dfrac{49}{18}=\dfrac{7}{2}\times\dfrac{18}{49}=\dfrac{9}{7}$

2 ① $(x + 0.5) \div \dfrac{4}{7} = 1\dfrac{3}{16}$

$x + 0.5 = \square$ とすると,

$\square \div \dfrac{4}{7} = 1\dfrac{3}{16}$ より, $\square$ は,

$1\dfrac{3}{16} \times \dfrac{4}{7} = \dfrac{19}{16} \times \dfrac{4}{7} = \dfrac{19}{28}$

$x + 0.5 = \dfrac{19}{28}$ より, x は,

$\dfrac{19}{28} - 0.5 = \dfrac{19}{28} - \dfrac{1}{2} = \dfrac{5}{28}$

② $\dfrac{1}{4} + \left(x \times \dfrac{1}{3} - \dfrac{2}{15} \div 1\dfrac{1}{5} \right) = \dfrac{5}{12}$

‒‒‒‒部分を先に計算すると,

$\dfrac{2}{15} \div 1\dfrac{1}{5} = \dfrac{2}{15} \times \dfrac{5}{6} = \dfrac{1}{9}$

したがって,

$\dfrac{1}{4} + \left(x \times \dfrac{1}{3} - \dfrac{1}{9} \right) = \dfrac{5}{12}$

$x \times \dfrac{1}{3} - \dfrac{1}{9} = \square$ とすると,

$\dfrac{1}{4} + \square = \dfrac{5}{12}$

より, $\square$ は, $\dfrac{5}{12} - \dfrac{1}{4} = \dfrac{1}{6}$

$x \times \dfrac{1}{3} = \triangle$ とすると, $\triangle - \dfrac{1}{9} = \dfrac{1}{6}$

より, $\triangle$ は, $\dfrac{1}{6} + \dfrac{1}{9} = \dfrac{5}{18}$

$x \times \dfrac{1}{3} = \dfrac{5}{18}$ だから, x は,

$\dfrac{5}{18} \div \dfrac{1}{3} = \dfrac{5}{18} \times 3 = \dfrac{5}{6}$

3 $\left(\dfrac{1}{4} \bullet x \right) \blacktriangle \dfrac{1}{2} = \dfrac{5}{6}$

$\dfrac{1}{4} \bullet x = \square$ とすると, $\square \blacktriangle \dfrac{1}{2} = \dfrac{5}{6}$

となり, $A \blacktriangle B = A \div B + B$ だから,

$\square \div \dfrac{1}{2} + \dfrac{1}{2} = \dfrac{5}{6}$

と表せます。ここから$\square$を求めると,

$\square \div \dfrac{1}{2} = \dfrac{5}{6} - \dfrac{1}{2}$

$\square \div \dfrac{1}{2} = \dfrac{1}{3}$

$\square = \dfrac{1}{3} \times \dfrac{1}{2}$

$\square = \dfrac{1}{6}$

より, $\dfrac{1}{4} \bullet x = \dfrac{1}{6}$ となります。

また, $A \bullet B = A \times B - A$ だから,

$\dfrac{1}{4} \times x - \dfrac{1}{4} = \dfrac{1}{6}$

と表せます。したがって,

$\dfrac{1}{4} \times x = \dfrac{1}{6} + \dfrac{1}{4}$

$\dfrac{1}{4} \times x = \dfrac{5}{12}$

$x = \dfrac{5}{12} \div \dfrac{1}{4}$

$x = \dfrac{5}{3}$

41 面積の比 ①

答え

1 ❶① 2：3　② 7：3　　❷ $a：b$

2 7cm²

3 ❶ 40cm²　❷ 98cm²

考え方

1 ❶① 三角形 ABD の面積は，

$$2 × 4 ÷ 2 = 4 \,(cm^2)$$

三角形 ACD の面積は，

$$3 × 4 ÷ 2 = 6 \,(cm^2)$$

したがって，面積の比を最も簡単な整数の比で表すと，4：6 ＝ 2：3

② 三角形 ABD の面積は，

$$8 × 7 ÷ 2 = 28 \,(cm^2)$$

三角形 ACD の面積は，

$$8 × 3 ÷ 2 = 12 \,(cm^2)$$

したがって，面積の比を最も簡単な整数の比で表すと，28：12 ＝ 7：3

❷ ❶①で求めた面積の比をヒントにして考えます。

2 AE：ED
＝ 2：1
だから，三角形
ABC の面積と
三角形 BCE の
面積の比を求め
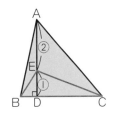
ると，(2 ＋ 1)：1 ＝ 3：1 です。したがって，三角形 BCE の面積は，

$$105 × \frac{1}{3} = 35 \,(cm^2)$$

また，
BD：DC
＝ 1：4
だから，三角形
BDE と三角形
BCE の面積の
比は，1：(1 ＋ 4) ＝ 1：5 です。した

がって，三角形 BDE の面積は，

$$35 × \frac{1}{5} = 7 \,(cm^2)$$

3 ❶ AF：FD
＝ 1：1
だから，三角
形 DEF と三
角形 ADE の
面積の比は，
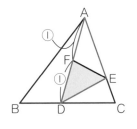
1：(1 ＋ 1) ＝ 1：2 です。したがっ
て，三角形 ADE の面積は，

$$20 × \frac{2}{1} = 40 \,(cm^2)$$

❷
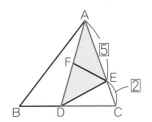

CE：EA ＝ 2：5 だから，三角形
ADE と三角形 ADC の面積の比は，
5：(2 ＋ 5) ＝ 5：7 です。したがって，三角形 ADC の面積は，

$$40 × \frac{7}{5} = 56 \,(cm^2)$$

また，
BD：DC
＝ 3：4
だから，三角
形 ADC と三角
形 ABC の面積
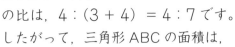
の比は，4：(3 ＋ 4) ＝ 4：7 です。
したがって，三角形 ABC の面積は，

$$56 × \frac{7}{4} = 98 \,(cm^2)$$

答え

1　❶3：4　❷9：16
　　❸$(a×a)：(b×b)$

2　$\dfrac{32}{5}\left(=6\dfrac{2}{5}=6.4\right)$cm²

3　❶24cm²　❷54cm²

考え方

1❶　底辺の長さの比，または高さの比を
　　求めます。

　❷　三角形 ABC の面積は，
　　　$6×3÷2＝9$（cm²）
　　三角形 DEF の面積は，
　　　$8×4÷2＝16$（cm²）
　　したがって，求める比は，9：16

　❸　❶で求めた対応する辺の長さの比と，
　　❷で求めた面積の比をヒントに，どの
　　ような関係になっているかを考えます。

2　右の図で，
　　　角あと角え
　　　角いと角う
　はそれぞれ大きさが
　等しくなります。三
　角形 ABE と三角形 DBC は，2 組の角
　の大きさが等しいので，三角形 ABE は
　三角形 DBC の縮図になっています。

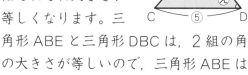

　　三角形 ABE と三角形 DBC の対応する
　辺の長さの比は，辺 AE の長さと辺 CD
　の長さの比と等しくなるので，2：5
　です。したがって，三角形 ABE と三角
　形 DBC の面積の比は，
　　　$(2×2)：(5×5)＝4：25$
　三角形 DBC の面積は 40cm² だから，
　三角形 ABE の面積は，

$$40×\dfrac{4}{25}＝\dfrac{32}{5}\ （cm^2）$$

3❶　右の図で，直線
EH と直線 BF が平
行だから，角いと角
うの大きさは等し
くなります。だから，
三角形 BFD と三角
形 EHD において，

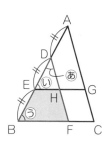

　角あは共通
　角いと角うの大きさは等しい
より，2 組の角の大きさが等しく，三
角形 BFD は三角形 EHD の拡大図に
なっていることがわかります。

　三角形 BFD と三角形 EHD の対応す
る辺の長さの比は，DB：DE＝2：1
だから，面積の比は，
　$(2×2)：(1×1)＝4：1$
したがって，三角形 BFD と四角形
BFHE の面積の比は，4：$(4－1)＝$
4：3 で，四角形 BFHE の面積は
18cm² だから，三角形 BFD の面積は，

$$18×\dfrac{4}{3}＝24\ （cm^2）$$

❷　❶と同じように考
えると，三角形ABC
は，三角形 DBF の
拡大図になっている
ことがわかります。
対応する辺の長さの

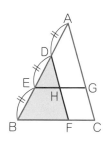

比は，AB：DB＝3：2 です。した
がって，三角形 ABC と三角形 DBF
の面積の比は，$(3×3)：(2×2)＝$
9：4 で，三角形 DBF の面積は，❶
より 24cm² だから，三角形 ABC の
面積は，

$$24×\dfrac{9}{4}＝54\ （cm^2）$$

答え

1 **1** 254.34cm^2 **2** 18.24cm^2

2 **1** 156cm^3 **2** 1997.5cm^3

3 24.5cm

4 18cm

考え方

1 **1** 円の面積は, 半径×半径×円周率で
求めます。半径は,

$18 ÷ 2 = 9$ (cm)

だから, 面積は,

$9 × 9 × 3.14 = 254.34$ (cm^2)

2

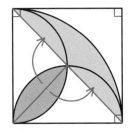

上の図のように, ▨部分を移動
すると, 求める面積は, 円を4等分
したうちの1つ分から直角二等辺三
角形をのぞいた部分の面積となります。

円を4等分したうちの1つ分の面
積は,

$8 × 8 × 3.14 ÷ 4 = 50.24$ (cm^2)

直角二等辺三角形の面積は,

$8 × 8 ÷ 2 = 32$ (cm^2)

したがって, 求める面積は,

$50.24 − 32 = 18.24$ (cm^2)

2 **1** この立体の底面は, 下の図のような
五角形です。

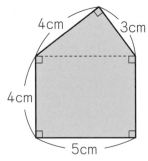

この五角形の面積は,

$3 × 4 ÷ 2 + 4 × 5 = 26$ (cm^2)

この五角柱の高さは6cmだから, 体
積は,

$26 × 6 = 156$ (cm^3)

2 この立体の底面は, 下の図のような
正方形から円をのぞいた形です。

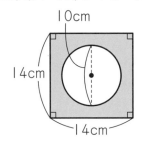

円の半径は,

$10 ÷ 2 = 5$ (cm)

だから, この図形の面積は,

$14 × 14 − 5 × 5 × 3.14$

$= 117.5$ (cm^2)

この立体の高さは17cmだから, 体
積は,

$117.5 × 17 = 1997.5$ (cm^3)

3 もとの三角形のまわりの長さは，
$$7 + 9.5 + 4.5 = 21 \text{（cm）}$$
まわりの長さが73.5cmになるには，
$$73.5 \div 21 = 3.5 \text{（倍）}$$
に三角形を拡大すればよいので，このときの辺ABの長さは，
$$7 \times 3.5 = 24.5 \text{（cm）}$$

4 下の図のように，辺ABを対称の軸として点Dに対応する点D′をとります。すると，直線DEの長さと直線D′Eの長さは等しくなります。したがって，「直線DEの長さと直線ECの長さの和」は，「直線D′Eの長さと直線ECの長さの和」と等しくなります。これが最も小さくなるのは，点D′と点Cを直線で結んだときなので，直線D′Cと辺ABの交わる点がEになります。

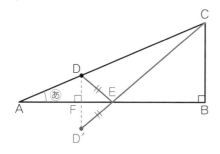

また，直線DD′と辺ABの交わる点をF，辺ABと辺ACがつくる角をあとします。すると，三角形AFDと三角形ABCのどちらにも角あと直角があるので，2組の角の大きさが等しく，三角形AFDは三角形ABCの縮図になっていることがわかります。

AD：DC＝1：2であることから，辺ADの長さは，辺ACの長さの，
$$\frac{1}{1+2} = \frac{1}{3} \text{（倍）}$$

これより，三角形AFDは三角形ABCの$\frac{1}{3}$の縮図であることがわかるから，

辺AFの長さ…$36 \times \dfrac{1}{3} = 12 \text{（cm）}$

辺FDの長さ…$15 \times \dfrac{1}{3} = 5 \text{（cm）}$

したがって，

直線FBの長さ…$36 - 12 = 24 \text{（cm）}$

直線FD′の長さ…5cm

となります。

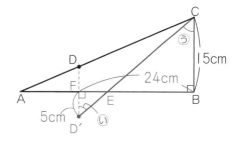

また，直線DD′と直線CBは平行なので，上の図の角いと角うの大きさは等しいです。

三角形D′EFと三角形CEBに注目すると，2組の角の大きさが等しいので，三角形D′EFは三角形CEBの縮図になっていることがわかります。

辺D′Fの長さと辺CBの長さの比は，
$$5 : 15 = 1 : 3$$
だから，辺FEの長さと辺BEの長さの比も1：3です。したがって，辺FEの長さは，
$$24 \times \frac{1}{1+3} = 6 \text{（cm）}$$

辺AFの長さは12cmだから，直線AEの長さは，
$$12 + 6 = 18 \text{（cm）}$$

答え

1　330cm³

2　102.78cm²

3　4m

4　① 45cm　② 225cm²

考え方

1　展開図を組み立てると、下の図のような三角柱ができます。

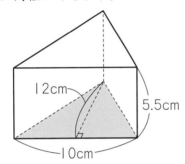

底面積は、

$$10 × 12 ÷ 2 = 60 （cm²）$$

高さは5.5cmだから、求める体積は、

$$60 × 5.5 = 330 （cm³）$$

2　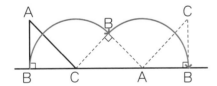

点Bは上の図のように動きます。だから、求める面積は、下の図の色がついた部分になります。

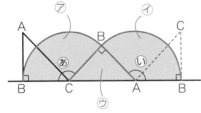

角あと角いの大きさはそれぞれ、

$$180° − 45° = 135°$$

だから、⑦と⑦を合わせた図形は右の図のようになります。これは、半径6cmの円を4等分したうちの3つ分だから、面積は、

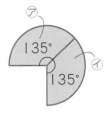

$$6 × 6 × 3.14 ÷ 4 × 3 = 84.78（cm²）$$

⑦は、底辺と高さがそれぞれ6cmの直角二等辺三角形だから、面積は、

$$6 × 6 ÷ 2 = 18 （cm²）$$

以上より、求める面積は、

$$84.78 + 18 = 102.78 （cm²）$$

3　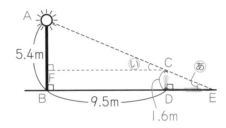

上の図のように、点と角を決めます。直線FCと直線BEは平行なので、角あと角いの大きさは等しくなります。したがって、三角形CDEと三角形AFCに注目すると、2組の角の大きさが等しいので、三角形CDEは三角形AFCの縮図になっていることがわかります。

辺AFの長さは、

$$5.4 − 1.6 = 3.8 （m）$$

だから、辺CDの長さは辺AFの長さの、

$$1.6 ÷ 3.8 = \frac{8}{19} （倍）$$

したがって、辺DEの長さも辺FCの長さの$\frac{8}{19}$倍で、

$$9.5 × \frac{8}{19} = 4 （m）$$

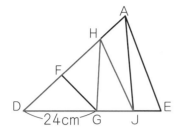

②

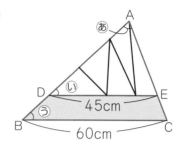

上の図の三角形 HDG の面積と，三角形 HGJ の面積の比は 2：1 で，2 つの三角形の高さは等しいから，底辺の長さの比は 2：1 です。したがって，辺 GJ の長さは，

$$24 × \frac{1}{2} = 12 \text{ (cm)}$$

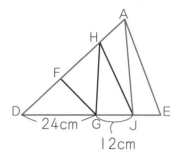

次に，上の図の三角形 ADJ と三角形 AJE の面積の比は 4：1 で，2 つの三角形の高さは等しいから，底辺の長さの比は 4：1 です。したがって，辺 JE の長さは，

$$(24 + 12) × \frac{1}{4} = 9 \text{ (cm)}$$

以上より，辺 DE の長さは，
24 + 12 + 9 = 45 (cm)

上の図で，辺 DE と辺 BC が平行だから，角○と角○の大きさは等しくなります。だから，三角形 ADE と三角形 ABC において，

角○は共通

角○と角○の大きさは等しい

より，2 組の角の大きさが等しく，三角形 ADE は三角形 ABC の縮図になっていることがわかります。

三角形 ADE と三角形 ABC の対応する辺の長さの比は，辺 DE の長さと辺 BC の長さの比に等しく，

45：60 = 3：4

だから，面積の比は，

$(3 × 3)：(4 × 4) = 9：16$

したがって，三角形 ADE と四角形 BCED の面積の比は，

9：(16 − 9) = 9：7

で，四角形 BCED の面積は 175cm^2 だから，三角形 ADE の面積は，

$$175 × \frac{9}{7} = 225 \text{ (cm}^2\text{)}$$

答え

1 ① $\dfrac{19}{35}$ ② $\dfrac{1}{12}$ ③ $\dfrac{1}{28}$ ④ $\dfrac{5}{11}$

2 ① 2.7 ② $\dfrac{8}{15}$ ③ 11

④ $\dfrac{7}{3}\left(=2\dfrac{1}{3}\right)$

考え方

1 ① $\dfrac{1}{7}+\dfrac{2}{3}\times\dfrac{3}{5}=\dfrac{1}{7}+\dfrac{2}{5}=\dfrac{19}{35}$

② $0.75-\dfrac{3}{8}\div2\dfrac{1}{4}-\dfrac{1}{2}$

$=\dfrac{3}{4}-\dfrac{3}{8}\div\dfrac{9}{4}-\dfrac{1}{2}$

$=\dfrac{3}{4}-\dfrac{1}{6}-\dfrac{1}{2}$

$=\dfrac{9}{12}-\dfrac{2}{12}-\dfrac{6}{12}=\dfrac{1}{12}$

③ $\dfrac{5}{16}\times\left(\dfrac{19}{21}-\dfrac{1}{3}\right)-\dfrac{1}{7}$

$=\dfrac{5}{16}\times\dfrac{4}{7}-\dfrac{1}{7}=\dfrac{5}{28}-\dfrac{4}{28}=\dfrac{1}{28}$

④ $1-\left(\dfrac{5}{11}+\dfrac{4}{33}\right)\times\dfrac{3}{38}-0.5$

$=1-\dfrac{19}{33}\times\dfrac{3}{38}-\dfrac{1}{2}$

$=1-\dfrac{1}{22}-\dfrac{1}{2}$

$=\dfrac{22}{22}-\dfrac{1}{22}-\dfrac{11}{22}=\dfrac{10}{22}=\dfrac{5}{11}$

2 ① 1.2 は 3.6 の，

$1.2\div3.6=\dfrac{1}{3}$（倍）

だから，x は，$1.2:x=3.6:8.1$

$8.1\times\dfrac{1}{3}=2.7$ $\times\dfrac{1}{3}$

② $\dfrac{4}{9}$ は $\dfrac{2}{3}$ の，$\times\dfrac{2}{3}$

$\dfrac{4}{9}\div\dfrac{2}{3}$ $\dfrac{2}{3}:0.8=\dfrac{4}{9}:x$

$=\dfrac{4}{9}\times\dfrac{3}{2}=\dfrac{2}{3}$（倍） $\times\dfrac{2}{3}$

だから，x は，

$0.8\times\dfrac{2}{3}=\dfrac{4}{5}\times\dfrac{2}{3}=\dfrac{8}{15}$

③ $(7\times x-13)\div4+3=19$

$(7\times x-13)\div4=19-3$

$(7\times x-13)\div4=16$

$(7\times x-13)=16\times4$

$(7\times x-13)=64$

$7\times x=64+13$

$7\times x=77$

$x=77\div7$

$x=11$

④ $\left(2+3\dfrac{3}{5}\times x\right)\div3\dfrac{1}{4}=3\dfrac{1}{5}$

$2+3\dfrac{3}{5}\times x=\square$ とすると，

$\square\div3\dfrac{1}{4}=3\dfrac{1}{5}$ より，$\square$ は，

$3\dfrac{1}{5}\times3\dfrac{1}{4}=\dfrac{16}{5}\times\dfrac{13}{4}=\dfrac{52}{5}$

$3\dfrac{3}{5}\times x=\triangle$ とすると，$2+\triangle=\dfrac{52}{5}$

より，$\triangle$ は，$\dfrac{52}{5}-2=\dfrac{42}{5}$

$3\dfrac{3}{5}\times x=\dfrac{42}{5}$ だから，x は，

$\dfrac{42}{5}\div3\dfrac{3}{5}=\dfrac{42}{5}\times\dfrac{5}{18}=\dfrac{7}{3}$

Z-KAI